漫画秒懂

被拒绝的勇气

张笑恒 ◎ 编著

—— 精选版 ——

民主与建设出版社
·北京·

© 民主与建设出版社，2023

图书在版编目（CIP）数据

漫画秒懂被拒绝的勇气 / 张笑恒编著 . —北京：民主与建设出版社，2023.9

ISBN 978-7-5139-4363-5

Ⅰ.①漫… Ⅱ.①张… Ⅲ.①心理学－青年读物 Ⅳ.① B84-49

中国国家版本馆 CIP 数据核字（2023）第 184286 号

漫画秒懂被拒绝的勇气
MANHUA MIAODONG BEI JUJUE DE YONGQI

编　　著	张笑恒
责任编辑	周佩芳
封面设计	天下书装
出版发行	民主与建设出版社有限责任公司
电　　话	（010）59417747　59419778
社　　址	北京市海淀区西三环中路 10 号望海楼 E 座 7 层
邮　　编	100142
印　　刷	三河市双升印务有限公司
版　　次	2023 年 9 月第 1 版
印　　次	2023 年 11 月第 1 次印刷
开　　本	710 毫米 ×1000 毫米　1/16
印　　张	11
字　　数	150 千字
书　　号	ISBN 978-7-5139-4363-5
定　　价	59.80 元

注：如有印、装质量问题，请与出版社联系。

Preface 前 言

人本主义心理学的先驱阿尔弗雷德·阿德勒说过:"纵使被诋毁、被讨厌,也没有什么好在意的,因为别人怎么看你,那是别人的事情。"但是,要拒绝他人的期待,独自确认自己的价值,是需要勇气的。

有一本书叫《情绪急救》,书中曾这样描述拒绝带来的创伤:"拒绝就像是尖刀,挑开我们的情绪表皮,刺入血肉,在生理上形成切割伤,也在心理上留下伤口,血流不止。"被拒绝成了很多人内心的噩梦,尤其是自尊心脆弱、性格敏感、害怕受伤、不被原生家庭接纳的人更加恐惧被拒绝。

被拒绝意味着不被接纳,意味着不值得被爱和没有价值。被拒绝会严重打击人的自尊心,使得自我价值感大大降低,人会变得自卑。因为自卑,我们会觉得自己什么事都做不好,每天都陷入低落的情绪中,甚至导致抑郁。其实,被拒绝并不都是我们的错。我们要积极地评价自己,无条件地接纳自己,减少对自我的批判,坦然接受被拒绝。

每个人都希望得到别人的理解和支持,但现实是无论你多优秀,你做什么,都会有人反对你,都会有人不喜欢你。法学教授罗翔说:"误解是人生的常态,理解本是稀缺的意外。"与其关注别人的看法,不如做好自己。实力越强,越容易被理解、被认可。

生活中的拒绝无处不在,如何面对才能化解彼此的尴尬?比如,表白被拒绝后,有风度地接受,而不是死缠烂打。这样更容易获得对方的好感。又比如,求职被拒绝后,找到失败的原因,才能避免以后的失败。再比如,推销被拒绝后,可以使用新方法继续尝试。如果能掌握一些应对方法,就可以从容面对被拒绝。

阿德勒说过:"人的一切烦恼,皆源于人际关系。"如果我们在人际关系中受到伤害,那么还要回到人际关系中进行治愈。寻找志同道合的朋友,加入适合自己的圈子，用正确的方法和别人进行人际交往，不仅能够让我们获得能量，还能够给我们心理上的支持。

　　不必害怕被拒绝，被拒绝也意味着我们可以重新认识自己，改变自己，突破自己。一个著名的推销员每次被拒绝后，都会诚恳地请求对方给他批评和忠告，这样的态度让他得到了进步。因为被别人拒绝恰恰能让我们看到自己身上的缺陷和不足，只要我们愿意做出改变，就能不断提升自己。

　　被别人拒绝，虽然令人恐惧，但恐惧是可以对抗的。想要对抗这种恐惧，我们只能从了解恐惧心理入手，学会克服它，让内心逐步强大起来。尼采说："那些没有打败你的东西，终将会使你变得更强大。"被拒绝也是一种养料，内心强大的人能从中获取经验，得到成长。

　　阿德勒认为，别人如何看待我们，是对方的问题。我们想要减少痛苦，就不要去背负别人的问题。明白这个道理，我们就能调整自己的情绪和心态，跳出悲观的陷阱，我们的生活也会简单很多。

　　本书展现许多生活化的场景，给出经典的案例，对害怕被拒绝的情况做了深入浅出的解析，并提供了应对方法。本书还配有漫画，增加了阅读时的情趣，让读者阅读起来趣味横生。希望读者能够发现自我的价值，有勇气面对别人的拒绝，获得真正的幸福。

Contents | 目 录

第一章 害怕被拒绝的真正原由

被拒绝带来的痛苦令人难以忍受 …………………………………… 2
害怕被拒绝源于自尊心脆弱 ………………………………………… 6
害怕被拒绝来自早期与父母相处的经历 …………………………… 9
内向的背后藏着被拒绝的恐惧 ……………………………………… 12
没有归属感的人，到哪里都觉得不被接纳 ………………………… 15
情感勒索者不被满足就容易崩溃 …………………………………… 18

第二章 不因为被拒绝而自卑

不必自卑，被拒绝不代表"你不够好" …………………………… 22
被拒绝的仅仅是请求，不是我们这个人 …………………………… 25
不因一次失败而将自己彻底否定 …………………………………… 28
接纳自己，你的价值不由别人决定 ………………………………… 31
发掘自身优点，走出自卑的深渊 …………………………………… 34
越自信的人，越不需要向外寻求认可 ……………………………… 37
别怨恨那些导致失败的先天因素 …………………………………… 40
够了！请别再消极地自我批判了 …………………………………… 43

第三章 摆脱他人的期待，做自己

别人的反对意见，不必太在意 ……………………………………… 48
独立思考，不盲从 …………………………………………………… 52
屏蔽外界的声音，努力做好自己 …………………………………… 55
落魄的时候，自己温暖自己 ………………………………………… 58
别抱怨，没有人有义务帮你 ………………………………………… 61
实力达到，才会有人来支持你 ……………………………………… 65

第四章　正面面对，被拒绝也没关系

表白被拒，给彼此缓冲的时间 …… 70

搭讪被拒，不强求 …… 73

借钱被拒，也许不是坏事 …… 76

求职被拒，重视结果，更重视过程 …… 79

加薪被拒，不对领导说气话 …… 82

推销被拒，快速调整心情 …… 85

求婚被拒，避免恼羞成怒 …… 88

方案被拒，挑剔比点赞更能让你进步 …… 91

第五章　在好的关系中获取能量

远离习惯给你"差评"的人 …… 96

勇于在众人面前展示自己 …… 99

寻找志同道合的朋友 …… 102

与人相处时被言语伤害，要冷静以对 …… 105

保持边界感，好的关系是熟不逾界 …… 108

和有格局的人同行，纠结就少了 …… 111

第六章　拒绝消极，努力改变自己

把别人的拒绝化为进取的动力 …… 116

遇到挫折、失败，找方法而不是找借口 …… 119

努力创造更多价值，才会得到更多回报 …… 122

被领导同事疏远冷落，先反省自己的问题 …… 125

转变思维，你的劣势也许恰恰是优势 …… 128

和牛人相处交流，升级认知与思维能力 …… 131

第七章　找到对抗恐惧的内在力量

找到自己想要的，就会心有依靠 …………………… 136

不必伪装，敢于做真实的自己 …………………… 139

不逃避，尝试去面对被拒绝的恐惧 ………………… 142

用成长、开放式心态面对失败 …………………… 145

练习正面思考，累积正能量 ……………………… 148

如果能接受最坏的结果，就不会恐惧 ……………… 151

第八章　创伤后成长，你比想象中强大

没有否定可能比没有肯定更糟 …………………… 156

被拒绝的次数多了，真正的差距才被拉开 ………… 159

没有天赋，坚持或许也能出奇迹 …………………… 162

因为热爱，所以可以无视那些打击 ………………… 165

第一章
害怕被拒绝的真正原由

人生没有那么多苦难，让人生变复杂的恰恰是我们自己。被拒绝引起的心理上的痛苦并不亚于身体上的疼痛。难以接受拒绝，更多的是由于性格、自尊心、原生家庭影响等因素。我们想要治愈自己，就要先了解自己为什么害怕被拒绝。

被拒绝带来的痛苦令人难以受

被人拒绝，虽然身体上不会受伤，但是心理上却会产生痛苦的感觉。有些人可能并不在意这种感觉，但是有些人却难以忍受。

一位男士报名参加了一个相亲节目。他刚开口介绍自己，就有几位嘉宾摁灭了灯。话还没说完，灯全灭了！

主持人非常不解，问其中一位女嘉宾为何这么着急摁灯。女嘉宾毫不掩饰地说："他个子看起来不到一米七吧，不是我的菜。"其他女嘉宾也阐述了各种拒绝的理由，比如"不喜欢他的发型""看起来没有男人味""不喜欢他的穿搭"……

男子落寞离场。在之后的采访中，他掩饰不住内心的难过，坦言当时感觉心灵被狠狠碾压了，很难过。在场那么多女生，没有人愿意等自己把话说完，他说，自己以后对相亲都会有阴影了。

在我们的生活中会遇到很多拒绝,被客户拒绝,被上司拒绝,找人聊天被拒绝,就连摸下自己的猫都会被无情拒绝。被拒绝会使人感到自己被无视、被排挤,会让人体验到悲伤、愤怒等负面情绪,且会令人痛苦、自卑。无论被拒绝者的性格有何差异,他们都会在被人拒绝后受到负面影响,只是有些人受伤的伤口会慢慢愈合,而有些人受的伤害则会恶化成心理创伤。

被拒绝之所以会导致这么剧烈的伤害出现,是因为人类是社会性动物,特别是在原始社会,人类是过群居生活的。如果被部落拒绝,就意味着失去了团体带来的保障,很难生存下去。所以人类的大脑会触发疼痛的感觉,提醒人类有危险。

这种痛感在大脑中被激活的区域对应身体疼痛被激活的区域。因此,在此时理性地思考,并不能减轻我们感受到的痛苦。它造成的影响使我们也不能运用合理的逻辑思维方法来清晰地考虑其他的问题。

被拒绝引起的伤痛是真实存在的,人随之会产生自我质疑和自我批判。这恰恰说明了我们对于被认可、接纳和尊重的需要。

当感受到被拒绝带来的痛苦时,我们也不必责怪自己,可以通过不断的反思和练习来应对这种痛苦。**那么我们应该怎么做呢?**

进行自我关怀

很多人面对拒绝,总想搞清楚"自己到底错在哪里",但这只会加深当下的痛苦。这时进行自我关怀十分重要。我们可以翻看家人、朋友和我们一起时的照片及与我们的聊天记录,看看我们收到的礼物,回忆我们收获的赞美。这些能够帮助我们肯定自己的价值,不会让我们陷入挫败感之中。

向外部归因

被拒绝并不是由单方面因素决定的,我们可以认为这件事和我们的关系并不大,尝试着将被拒绝的原因归于外部因素。这样有利于我们将所受到的打击最小化,鼓励自己继续前进。

记录痛苦的经历

想要从痛苦中走出来,就需要直接面对它。我们可以在安静的环境中把痛苦的经历和当时感受到的写下来。这些能让我们慢慢地淡化糟糕的经历,顺利"翻篇",开始新的生活。

害怕被拒绝源于自尊心脆弱

自尊心脆弱的人通常比较敏感，对别人的态度和评价非常敏感。被拒绝后，他们沮丧、懊恼、自我怀疑，进而被拒绝带来的愤怒或失落所控制。

李娜的单位要组织一场内部培训，培训时间可以选择周一到周三中的任意一天。领导说每个培训小组可以有六或七个成员。

李娜原定周一参加培训，但正巧她周一需要去见一个重要的客户，她本身也非常想参加这次培训，便打算把参加培训的时间改为周三。于是她就找到一个定在周三参加培训的同事，看能不能调换。

同事答应了，但是周三进行培训的培训小组却拒绝她加入。理由是那个同事离开后，他们正好是六个人，不需要再有新人加入了。

李娜生气又难过，一晚上没睡着，反思了自己的所言所行，也没发现哪里让对方看不顺眼了。她非常沮丧，甚至开始怀疑自己了。

如果我们一直认为自己的人缘还不错，大家是喜欢自己的，根本就想不到遭到大家的拒绝，没有被拒绝的任何心理准备，那么，可想而知，在被拒绝的那一刻，内心会有怎样的落差，心中的敏感和脆弱都被瞬间激活。

这种情况带来的不被接纳和喜欢的感觉，会一定程度地伤害我们的自尊，降低我们的自我价值感。特别是事后，我们会回忆被拒绝的过程，然后不断地怀疑自己："我真的这么差吗？""我真的这么不被喜欢吗？""我到底做错了什么？"

当下一次再次遭遇拒绝的时候,这些怀疑会再次浮上心头,再次被拒绝验证了我们的想法。这会导致我们的自尊水平变低,害怕别人的否定。而自尊水平降低会打击到我们的自信,影响能力发挥,更容易遭到下一次拒绝,会更加影响自尊,导致我们的自尊水平变得更低。于是我们在被一次次拒绝之后会变得越来越不自信。

越是自尊心脆弱,越容易误解别人,或扭曲别人的意思,例如,当别人没有立即接电话时,自尊心脆弱的人会认为对方是故意的,会想"他不想接我的电话"。而自尊心不那么脆弱的人,则会认为可能对方正在工作,没有听到电话,并不会产生什么心理不适。

> 世界不是围绕我们转的,我们需要调整自己的心态,正视别人的拒绝。那么我们如何才能克服被拒绝的恐惧呢?

承认自己有情绪

我们总认为有负面情绪就是不好的,所以总是拒绝承认或者逃避自己的负面情绪。其实正视负面情绪才能够消除"害怕被拒绝"的心理。面对挫折而心情低落是人之常情,我们不必因此苛责自己,反倒可以让自己打起精神来。

关注积极的反馈

有着脆弱自尊心的人,他们的注意力会更集中在被拒绝这一点上,如果有其他人接受了他们的请求,他们反倒不会去关注。比如假如邀请10个人聚会,9个人接受,1个人拒绝,被拒绝敏感度高的人就会最关注这一个人的拒绝。被拒绝敏感度低的人就会更专注有9个人接受了邀请。

害怕被拒绝来自早期与父母相处的经历

有人说:"为了回应父母的期待,孩子通常会拼命努力。他们认为如果违背了父母的期待,他们就会被抛弃。"我们不能否认的是,原生家庭对我们确实会产生影响。害怕被拒绝,有可能是因为来自对父母的投射,却对我们的人际关系产生了深远的影响。

一天,方琳在工作时遇到一件事情不太明白,就想要问问身边的同事,可是又害怕被对方拒绝,于是只好自己埋头摸索。下班后,办公室里只剩下她一个人,她一边工作一边埋怨自己。

晚上回到家,她回想起白天的事情,又突然想起小时候的经历。每次有了不会的题目求助于父母,不是被粗暴拒绝,就是被嘲笑脑子笨,连这么简单的题目都不会。以至于她对于每次开口都要纠结半天,到后来遇到再大的困难,也不敢开口求助。

著名的家庭治疗师维尼吉亚·萨提亚曾经说过:"一个人和他的原生家庭有着千丝万缕的联系,而这种联系有可能影响他的一生。"一个人如果长期被父母拒绝、否定、批评,就很容易变得自卑,养成讨好型人格,不仅不敢拒绝别人,更害怕别人拒绝自己。

《蛤蟆先生去看心理医生》这本书中的蛤蟆先生本来热情、时尚、爱冒险,但他却感觉自己没什么价值,生活一团糟。和其他人相比,他自己看起来像个笑话。在心理医生苍鹭的引导下,蛤蟆先生回忆起童年时代的事。那时父亲经常和他说:"不准这么做!""你看起来太蠢了!""回你的房间去,不准下来!"

正是这些呵斥和否定让蛤蟆先生觉得自己是个废物,做什么都不行。父母数年如一日的否定让他脆弱、自卑、抑郁。就像许多成年人,在成年后会觉得自己不重要,经常怀疑自己,羞于向别人提出要求。这些都是原生家庭带来的伤害。

父母的否定"杀伤力"很大,在人成年后仍然会发挥威力。孩子的认知都是感性的,他们会把父母的态度和"父母不爱我"画上等号,而原因就是"我不够好"。一旦形成这种认知,他们就会难以接受拒绝,长大后再次面临相同的场景时,就会唤醒之前的回忆。

被拒绝后,我们内心中会产生强烈的恐惧感。为了保护自己,我们会避免向人求助,对别人表现出不感兴趣或是表现得讨厌别人。而对方"识趣"地离开后,我们可能又会感到难过。

童年的经历虽然无法改变,但我们可以减轻童年对自己产生的影响。那么我们应该怎样做才能对父母释怀,不再害怕被拒绝?

停止自责

时间久远，或许被父母拒绝的原因已经无从追究，但相信被拒绝一定不只是因为自己。所以不要再责备自己"不够好""不漂亮""太笨"。停止自责的"坏习惯"，给自己积极的暗示，才能治愈内心。

讲述自己的感受与故事

《蛤蟆先生去看心理医生》这本书中，蛤蟆先生通过回顾童年，意识到正是父亲的严格和母亲的冷漠，使他在与别人相处时会不由自主地给出同样的反应。他表达愤怒，讲述自己的故事，就是在疗愈自己。

内向的背后藏着被拒绝的恐惧

内向和外向是一种性格倾向，没有好坏之分。不过内向的人更容易害怕被拒绝，这是由内向型人的性格原因导致的。

有一位叫蒋甲的华裔青年，在他6岁时，老师组织了一场活动。每个人如果能得到别人的表扬，就可以得到礼物。最后班里只剩下3个人没有得到表扬，蒋甲就是其中之一。这次在众目睽睽之下被拒绝的经历成了他的噩梦，长大后依然挥之不去。

后来，为了克服害怕被拒绝的心理，他决定连续100天出门主动找拒绝。战胜了大大小小的各种挑战后，他带着无限自信站上了TED Talk的演讲舞台。被拒绝或被接受的经历不仅帮助他学会了改变，也让他收获了成长。

相比较于外向型人，内向型人更为敏感细腻，缺乏自信，容易胆怯，不擅长人际交往，更害怕被拒绝。他们往往比较沉默，尤其是来到新环境中时更会如此。其实他们想和别人交流，只是胆小，话不敢说出口。

无论是主动讲话，还是请求别人的帮助，内向的人都心存犹豫。其实他们是害怕被拒绝后，自己很没有面子。一旦被拒绝，他们的注意力会更多地集中在自己的身上，而不是被拒绝这件事上。

很多内向的人其实更需要认同和肯定。别人的接纳会让他们很开心、很感激。别人对他们否定和质疑，会让他们认为自己不受欢迎。这对他们来说是一种很严重的贬低，本来就不相信自己的他们会更加自卑。

内向的人在遭到拒绝后更倾向于认为是自己的原因。即使通过理性的分析，就可以知道那并不是他们的问题，可是他们仍然会认为是自己的过错。甚至他们会对没发生的事情抱有悲观的预期，潜意识里觉得自己一定会被拒绝，结果在被拒绝后就演变成了自证预言，导致他们再也不敢尝试提出请求。

性格内向并没有错，内向的人也有很多优点。那么内向的我们在与人交流时应该注意些什么呢？

承认内心的不好意思

内向的人在提出请求时,为了让对方感觉我们确实是迫不得已,可以先表明自己不好意思,然后再说出自己的无奈。比如说"这件事我真是不好意思向你开口,但的确是没有办法了"之类的话,对方就会更容易理解和体谅我们的难处。

抱着豁出去的心态

求人时,我们应该抱着豁出去的心态,被拒绝了也没什么大不了。越犹豫越不敢开口。想要成功,就要解开束缚,勇敢尝试。不必担忧别人会有看法,只是全心全意做自己的事情就好。成功了,我们有收获;失败了,行动了也是种解脱。

没有归属感的人，到哪里都觉得不被接纳

当一个人感觉自己被别人或团体认可与接纳时，会有心理上的安全感与踏实感，这种心理就叫作归属感。

杨浩在一家公司的市场部工作。他平时很少和同事说话，除了工作，就是下班回家，所以和同事们的关系一般。同事们聚会几乎不会想到他，他在部门里就像一个透明人。

杨浩觉得很孤独，他申请后被调到了设计部。刚开始，他觉得做新工作很开心，可是后来发现他仍然不知道该怎么融入进新部门。看着新同事们三三两两很自然地聚在一起，他就只能坐在角落里，感觉更加不快乐。

美国著名心理学家马斯洛在1943年提出"需要层次理论"。他认为，归属和爱的需要是人类最重要的心理需求，层次在生理需求和安全需求之上。只有满足了这个需求，人类才有可能"自我实现"。

归属感是一种主观感觉。一个人需要感觉到被别人接纳。如果长期不被人接纳，会对身心产生极大的不良影响。没有归属感的人，就算生活得再好，也经常感觉茫然，内心惶恐不安。因为他们缺乏安全感，对别人的警惕和怀疑会让他们感觉非常孤独。没有人认可他们，他们也很少认可别人，还会感觉自卑。

有些缺乏归属感的人社交圈子狭窄，生活单调乏味。他们看上去比较冷漠，不愿意和人交往。其实他们内心渴望别人主动理解他们，只是他们不愿意表达自己。他们内心充满矛盾，既希望别人理解自己，又害怕别人伤害自己。他们不愿意麻烦别人，觉得那样很没面子。

缺乏归属感还体现在生活其他方面和工作中。有些人缺乏对环境的归属感，会频繁地更换居所。还有些人缺乏职业归属感，在工作中找不到价值感和存在感，对自己的工作没有激情、责任心不强，会频繁地换工作。刚开始可能会好一点，但是不久后又会重蹈覆辙，工作起来没有劲头。

拥有归属感能够提高我们的幸福感。那么我们应该怎样培养归属感呢？

寻找自己在人群中的位置

在团体活动中，我们需要主动社交才能不被忽视。可以主动去结交与自己有相同背景和出发点的人，逐步建立自信，找到属于自己的定位。在社交活动中建立比较亲密的关系，也能够使我们的心理得到满足。

请对方帮自己一个小忙

我们可以请求所在的团队中别的成员帮自己一个小忙。比如帮自己做取快递、复印文件等举手之劳的小事。类似这种请求和帮助有助于拉近我们和对方的距离。不过要注意，重大或困难的事情可能会遭到拒绝，而且拒绝过我们的人很可能会一再拒绝我们。

 情感勒索者不被满足就容易崩溃

有人说:"我们口出恶言不是因为一时气昏头,而是想让对方遵从我们的意愿和期望,从而操纵、支配对方,创造与利用了名为'愤怒'的情感。"情感勒索就是指通过使用不断施压的手段,让对方屈服的沟通方式。习惯于使用这种沟通方式的人不仅伤害别人,也会伤害自己。

美国著名心理治疗师苏珊·福沃德在其著作《情感勒索》中讲述了这样一则案例:

吉姆和海伦是男女朋友。吉姆想要搬到海伦家里,遭到了海伦的反对。海伦表示她想要有自己独立的空间。吉姆指责她的性格有缺陷,想要用"你不同意,你就不爱我"的威胁让她答应。见海伦仍然不同意,吉姆就威胁说:"也许我们该给彼此多一些认识别人的机会。"海伦不想失去吉姆,即使她心里不好受,也仍然选择了屈服。

在吉姆和海伦的相处模式中,吉姆就是情感勒索者。因为不想被认为不爱对方,海伦选择了屈服。如果某一天,海伦对于某事选择拒绝,吉姆的需求不被满足,吉姆就可能因为受不了而崩溃。

苏珊·福沃德认为:情感勒索属于一种控制行为,有很多种不同的面貌,但威胁和恐吓是基本的方式。我们身边的人有时会采用直接或间接的手段来勒索我们。他们以自我为中心,却对我们的需求视而不见。如果我们不按照他们的要求去做,就不会好过。

情感勒索者无法容忍被拒绝,他们面对拒绝时难以调节自己的情绪。一旦需求不能被满足,他们就会采取一些强硬和极端的手段,来迫使对方满足他们的要求。产生这种行为的原因是他们曾经遭受过挫折,缺乏安全感,或者是过往太过顺利,无法接受失败。

有些情感勒索者会采用伤害别人的方法来达到目的。比如没有被满足时会当场发火，表达不满，或者实施"冷暴力"，让对方不得不认输和妥协。有些人会以伤害自己的方式来引起对方的愧疚感，迫使对方屈服。有些人不愿意直接说出要求，却表现得很难过、很受伤，让对方感觉自责，对方最后只好妥协。还有些人会给出一些承诺，要求对方顺从，却从不兑现。

有些人会依仗着对亲近之人的了解，利用对方会产生恐惧感、罪恶感和自责感，用情感勒索的方式来对待他。这样取得的满足只是短暂的，却会让双方的关系产生裂痕。如果频繁地进行情感勒索，会让对方深感压力，想要逃离令人窒息的关系，结果把对方推得越来越远。

情感勒索者内心住着一个恐惧的小孩，他们最怕输。那么为了避免成为情感勒索者，我们对别人提出要求时需要注意些什么呢？

避免使用抱怨、批判的语言

很多人在提出要求未被满足时,会用抱怨、批评、指责的语言跟对方说话。只要对方没按自己说的做,就用负面评价来评判对方。这种"非黑即白"的评判,会让对方产生逆反心理,不利于双方的关系发展。不如使用柔软的方式来表达,如幽默的表达。

给对方一些实惠相互交换

在工作和生活中,如果我们想要对方同意,不用刻意强调你自己牺牲了多少,对方要如何回报我们。我们可以考虑对方的需求和感受,给对方相应的利益和对方进行交换,这样对方更愿意满足我们。

第二章
不因为被拒绝而自卑

当一个人遇到无法解决的问题,却深信自己不能够解决时,就会表现出自卑情结。别人有权利拒绝我们,但是我们无须把原因都归咎于自己身上,更不必因此而感到自卑。别人的拒绝并不能否定我们的价值。

不必自卑,被拒绝不代表"你不够好"

其实在某事上被拒绝并不代表对方拒绝我们这个人,也并不代表我们是错误的、我们的要求不合理,更不代表对方不在乎我们,仅仅是因为你与他并不能互相满足彼此的要求。

一对相亲的男女坐在咖啡厅里聊天。聊天结束时,男人问:"下周有部大片上映,你要不要和我一起去看?"女人礼貌地拒绝了。

"是因为我有什么问题吗?"男人追问。女人说:"不,你挺好的。是我对你没有什么感觉。"男人感觉很沮丧,他心想,一个月见了八个相亲对象,怎么就没一个能看上我的?

相亲、向心仪的人表白、求职，并不一定会成功，被拒绝是再正常不过的事情了。甚至有的人会屡次遭到拒绝，这样的人也不止一个。有的人遭受了别人的拒绝，就认为是自己有问题、自己不够好、自己做错了什么，其实被拒绝只是说明他不合适。

很多事情，比如工作和恋爱，都是双向选择的。选择权并不只在我们手上，对方也有选择的权利。只有双方合适，才能愉快、长久地相处下去。没有废品，只有放错位置的物品；同样，没有不好的人，只有不合适的人。

所以我们在遭到拒绝后，不要急着否定自己。可能不是你的问题，而是否定你的人有问题。也许是双方的需求在此时并不匹配，或者这件事情并不那么顺利而已。

被别人拒绝后怪罪、责怪自己，这样并没有什么意义，只会让自己更加自卑。要知道，很多时候被拒绝是有客观原因的。不要对此感到沮丧，更不必怀疑自己。

比如，心仪的对象拒绝了你的告白，可能并不是由于你的原因，只是对方刚巧不喜欢我们这一种类型的人。客户拒绝了我们的推销,不是因为我们的能力差,也不是因为产品不好,而是他刚巧不需要。

拒绝并不是人生的灾难,不必太责怪自己,也不必太耿耿于怀。那么面对被拒绝,我们要如何才能不自卑呢?

坚持自己的标准

当我们被拒绝后,并不需要放弃自己的标准,转而去认同别人的标准。对于别人的标准,我们只需要尊重就可以了。因为每个人的标准都不一样,如果我们不停地切换自己的标准,想用这种方法去迎合别人,当更换另外一个人、遇到另外一种情况时,我们还是可能会被拒绝。

从朋友那里获得力量

我们被拒绝之后,如果一直想着这件事情,不断思考自己哪里做得不够好,情绪就会更加消沉、低落。我们可以找朋友聚一聚,比如,一起去唱歌、吃大餐等。在与朋友的插科打诨、嬉笑怒骂中,内心的不愉快不知不觉就会消解掉了。

 被拒绝的仅仅是请求，不是我们这个人

有时候，在我们的心里，拒绝除了本身的动作和语言，仿佛还具有别的含义。我们总觉得别人拒绝我们，是在否定、质疑、贬低我们这个人，其实，他们拒绝的仅仅是我们的请求而已。

电视剧《粉红女郎》中的"结婚狂"方小萍，这辈子最大的梦想就是找个男人结婚，却在婚礼当天被新郎抛弃。新郎失踪后，她又喜欢上了花花公子罗密欧。方小萍以为自己得到了爱情，却没想到这只是对方玩的恋爱游戏。

在和花心的罗密欧分手后，方小萍又遇到过其他男人。每一次她都对其真心相待，可是每一次都以失败告终。不过即使被拒绝，她也从来没有退缩，遇到喜欢的人仍然敢于表白，最后和男主角终成眷属。

"结婚狂"方小萍长相普通，工作普通，连她的妈妈都不相信她能嫁出去。虽然她也会偶尔自卑，但是她从来不怀疑自己，也不认为追求爱情是错误的。虽然天真，但是她很勇敢，为了和爱人在一起，从不畏惧付出真心，也不会轻易放弃爱情。即使曾经不止一次地被人拒绝过，她也一直相信爱情，一直对真爱抱有期待。

其实很多时候，只是我们想得太多了而已。人人都会拒绝，人人也都会被拒绝。我们不用过度揣测别人心里的想法，然后再用没有根据的想法来怀疑自己，最后引发悲剧。

契诃夫在短篇小说《小公务员之死》中讲述了这样一个故事：

一个普通的小公务员在剧院看戏时不小心打了一个喷嚏。当他发现坐在附近的是一位在交通部任职的老将军时，担心冒犯了对方，便开始三番五次地道歉。

第一次道歉，老将军礼貌地说："没事，没事。"

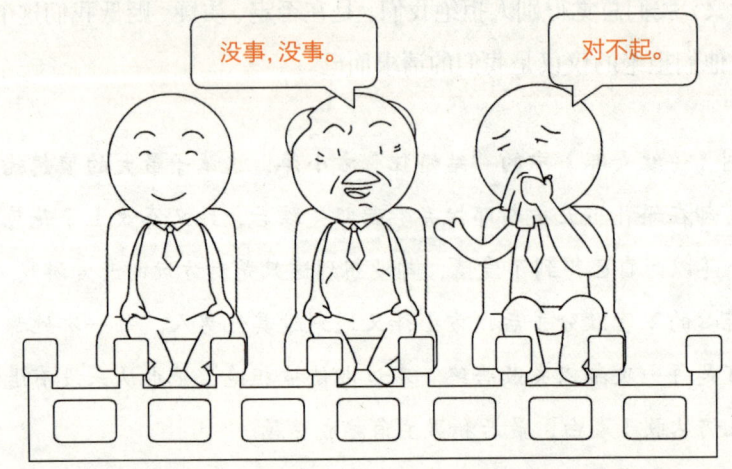

道了歉，本来这件小事就结束了。但小公务员怀疑对方没有原谅自己，第二次去道歉，老将军因为被打扰，有点恼怒，警告他别再烦自己。

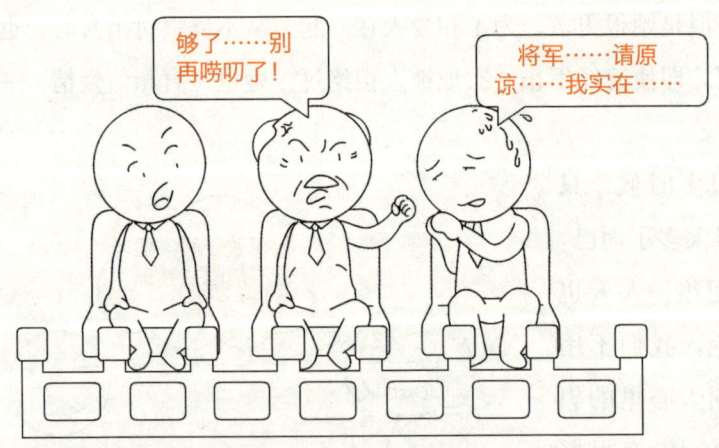

被对方呵斥，小公务员更加感觉惶恐，继续低三下四地去道歉，战战兢兢地请求原谅，最后老将军忍无可忍让他滚。他彻底绝望，不堪内心的折磨，被活活吓死了。

很多时候，我们也会像契诃夫笔下的这个小公务员，因为身份的卑微而特别介意别人对自己的态度和看法。担心惹别人不开心，担心别人没有原谅自己，然后责怪自己做错了。其实，这一切都是由于自卑。自卑让我们变得胆小怕事，让我们变得敏感多疑，陷入情绪内耗。

其实，对方拒绝的只是我们的请求，并不是我们本身。我们自身的价值不会因为被拒绝而折损，我们的优势也不会因为一次拒绝而消失。相反，如果我们愿意积极看待被拒绝，被拒绝反而会成为我们改变自己、提升自己能力的契机。

既然被拒绝是很正常的事情，那么我们不如放轻松一点。**当面对被拒绝的时候，我们可以做些什么呢？**

增加请求的次数

想请别人帮助，遭到拒绝后，我们可以把自己的理由告诉对方，接着再次提出请求。如果对方无法拒绝，就会答应我们。所以被别人拒绝并不是不能改变的事情，我们可以再央求下别人，说不定之后会有转机。

去找别人帮忙

有时候，我们遭到拒绝后没必要那么执着。对方拒绝了我们，我们还有别的选择，再去找别人或者用别的办法，一样可以解决问题。比如，搬家想找人帮忙，那就广撒网，试试多去找几个人。即使有人拒绝了也不用怕，总会有愿意帮助你的人。

不因一次失败而将自己彻底否定

世界上除了黑色和白色,还有灰色地带。不可绝对地看问题,一次失败并不意味着会次次失败。一次考试或竞争失败了,也不必觉得自己是个一无是处的人。

部门有一个主管职位的空缺,乔杰和一位同事一起竞聘。乔杰是公司的老员工了,能力也不差,他觉得自己比对方更有资格当这个主管。在打了几个回合的平手后,乔杰以三票之差败给

了对方。就因为这几票错过了机会,乔杰很沮丧,他觉得自己一败涂地,工作都干不下去了,甚至将自己全部否定。

万事无绝对,没有人能做什么都顺利。习惯用极端模式来评价自己,多是由于追求完美。这种绝对的标准会让我们无法接受错误或者不完美的地方。即便只是一点点瑕疵,也会紧盯着不放,觉得自己彻头彻尾地输了,接着就会怀疑自己的价值,甚至无休止地贬低自己,硬是把自己逼进"抑郁"的死胡同。

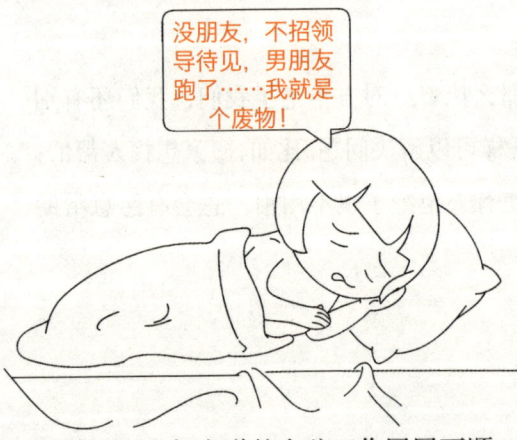

被拒绝的原因是复杂的,我们不能因为一次被拒就对自己失去信心,给自己贴上负面标签。

客观全面地认识自己是一种能力。能自我觉察自己是什么样的人,清楚自己在生活中所扮演的角色,清楚知道自己的能力、潜力是什么,是非常重要的。比如,一个有社交恐惧,不善于和人打交道的女孩工作屡屡不顺,但她喜欢做手工,于是干脆去学陶艺,后来成为一名陶艺师。能在另一个赛道获得成功,就是因为她没有彻底否定自己,

能灵活地看待问题。

只有用多元的思维看待自己，才能既看到自己的不足，又找到自己的优势，扬长避短，活出自己的精彩。

一次失败就认为自己不行是有很大危害的，那么，我们要怎么做才能改变这种不良的思维呢？

从客观角度分析思考

我们往往喜欢从主观角度分析事情，而从主观角度思考易导致发泄情绪，我们应该多从客观角度去看待事物，这样能看到事情的真相，更有利于我们理解和解决问题。

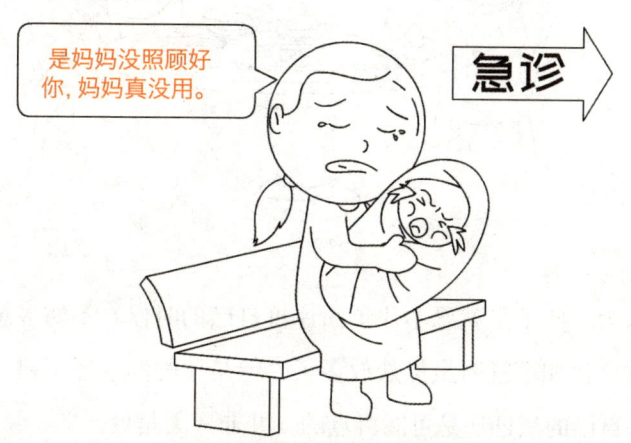

不要过于在意某个细节

一尊雕塑有一处小的瑕疵,其实并不影响整件作品的美,更不会影响雕塑家今后的创作。如果过于在意某个细节、某件小事,我们就无法观察和判断整体的情况,也就不能够做到客观。

不要忽视自己表现好的地方

当我们因为一些不足就忍不住负面评价自己的时候,不妨多想想自己此次表现好的地方。比如烹饪时虽然盐放多了,但是菜的颜色还不错,这样从正面的角度来看,自己的烹饪还是可圈可点的,并非一无是处。

接纳自己,你的价值不由别人决定

有句话叫作"人言可畏"。很多人听到别人的否定,就觉得自己的价值被否定了,仿佛天塌地陷。其实"天生我材必有用",你的价值不是由别人决定的。

王楠从小就有一个当作家的梦想,但是她在网络上发表的小说并没有激起多少水花。爸爸妈妈觉得她这个愿望遥不可及,好朋友也觉得她是"痴人说梦"。

在接连的打击下,王楠只好不再做梦,每天老老实实地上班,书本被她抛弃在脑后,小说也不再更新了。几年后,她和之前的文友聊天时知道,当年一起写小说的文友中,有的已经成为"大神"。她不禁感叹道,要是自己能够坚持下去,是不是也早就能靠写作养活自己了?

我们总是希望能得到别人的赞美和肯定,甚至因为别人的评价而改变和放弃自己的选择和决定。当别人质疑我们的能力,否定我们的价值,我们就会退缩逃避,怀疑自己,失去信心。

只有我们自己才是自己人生的主角,我们不该一味想要从别人那里得到勇气。别说"伯乐"可遇不可求,很多旁观者审视我们时也是戴着"有色眼镜"的。

每个人都有自己真实的样子,也有自己真正想要成为的样子。如果用别人的标准来衡量自己的好坏与成败,那么我们永远无法看到并接纳真实的自己。

社会学家朱迪思·巴德威克说:"真正的自信来源于了解并接受自己,认识和接受自己的优势和劣势,而不是依赖于别人的评价和判断。"这个世界上,除了你自己,没有一个人可以否定你的价值。如果我们在别人的闲言碎语里萎靡不振,自叹技不如人,认为自己什么都做不成,只会浪费许多完善自己的时间和机会。

与其迷失在别人也许并不客观的评价中,不如力所能及地成为最好的自己。**面对别人的否定,我们应该怎么办呢?**

不要和对方争辩

当别人质疑和否定我们的时候，我们不要着急生气，更不要面红耳赤地去和对方争辩，避免闹得不欢而散，自己反而更生气。我们可以调侃一下，开个小玩笑，或者换个话题聊些其他的内容。

变短处为长处

有时候别人否定我们，并不是空穴来风，而是确实地指出了我们的缺陷或弱点。这个时候我们再愤怒也于事无补，不如把注意力放在变弱点为强项上，让自己变得更强大。

适当展示自己的过人之处

做人低调是好事，但是也不能太过低调。当别人知道我们有厉害之处时，就不会随便贬低我们。我们要懂得适当地展示自己。比如，有机会时展示下我们的学识，可以让别人对我们刮目相看，不敢小觑。

发掘自身优点，走出自卑的深渊

自卑的人做事的时候容易想多，进而加重心理负担，使得事情越发不顺利，这个人就会陷入自我否定之中，不断强化"我做不好的心理"。一旦遭遇失败，就会意识到这种失败印证了自己的无能。即使有新的挑战，他也不敢面对了。

人都有自身存在的意义和价值。只有一个人觉得"我的存在是有意义的""我有做事情的能力"，他做事情的时候才会有足够的力量。失败也不会动摇他对自己价值的判断，只会觉得"这不过是一次失败"，不会影响以后的人生。

著名主持人杨澜回忆自己第一次参加主持人大赛的情景：当时，她表现得确实不错，很有潜力，可评委却还是以"你不够漂亮"拒绝了她。

杨澜为此非常难过，她回到家的第一件事就是照镜子，反复查看自己的五官。她发现自己确实不够漂亮，感到更加失落，就像受了重击一样。

幸运的是母亲点醒了她，母亲告诉她："不一定只有五官美才是美，对女人而言，独立、自信、睿智都是美的标志。"

母亲的话一直影响着杨澜，让她明白了要成为一名合格的主持人，除了外貌，更应该具备人格魅力。

女人，五官精致是美，独立自信也是美。

杨澜说自己在年轻的时候也有很多焦虑，不自信。她刚刚走出校门的时候，渴望得到别人的认同，一旦被否定，就会陷入负面情绪之中，后来她明白了，人要学会面对和拥抱负面情绪。她还说到一个心理学家曾跟她说过的话："人生获得幸福和成功不在于你把自己的短板补齐，而在于你能把自己的长处发挥到极致。"

当你遭遇挫折、失败的时候，就想想你跟别人不一样的地方和你做得最棒的地方，然后努力地去把它发扬光大。

古希腊哲学家苏格拉底说："本来最优秀的就是你自己，可是你不敢相信自己，把自己忽略、耽误、丢失了。"每个人都是这个世上独一无二的个体，有着自己的独特之处，所以我们应珍惜自己，不自卑、不轻视自己，用心发掘自身优点，好好地对待自己。

人世间并不缺少美，只是缺少发现美的眼睛。善于发现自己的优点，就不会自卑。那么我们怎样才能够找到自己身上的优点呢？

写下自己的优点

长时间自卑的人会习惯性地想不起自己身上的优点。想提升自信的话，可以把自己的优点写下来。我个时间，思考一下自己身上的长处。无论是哪一方面的，都可以写在纸上，让自己记住。比如，你的眼睛好看，性格温和，文章写得很好，等等。

记录下每天完成的事情

自信心是需要积累的。我们可以把每天完成的事情记录下来，通过这些累积来获得成就感。通过记录提醒自己每天都在进步，慢慢地，潜意识里就会认为自己是有能力的，从而减轻自卑，直至去除。

学会赞扬自己

适当地赞美自己有助于增强自己的自信，保持愉快的心情。完成一件事情后，即使没有可以分享者，我们也要自己给自己打气。比如，刚学做菜，虽然做得不好，但也要鼓励自己，发现优点赞美自己。

越自信的人，越不需要向外寻求认可

当一个人不自信的时候，就会去寻求别人的认可。但是当我们成熟后会发现，靠别人得来的自信只能维持一时。只有靠自己获得的，才是长久之计。

每个人都渴望得到认可和赞美，但马斯克却不这样认为，他表示："当我和其他人谈论特斯拉 Model S 时，我不想听他们说这款车好在哪里，而是希望知道这款车还有什么不足。"

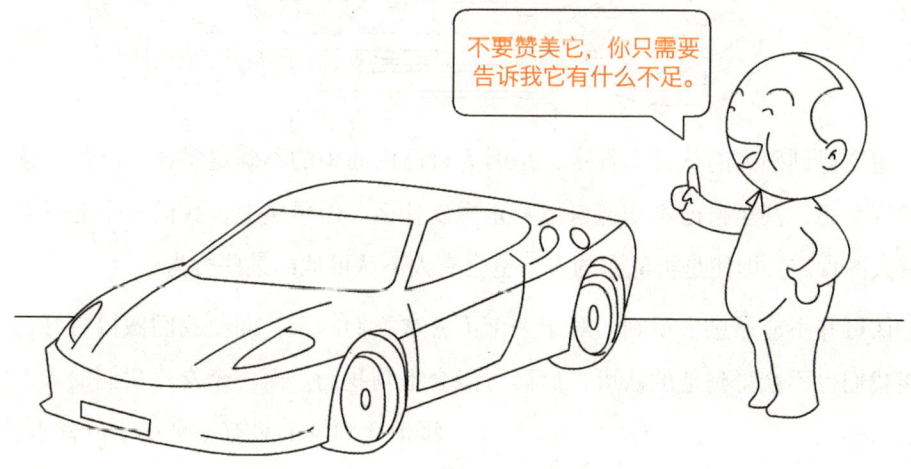

认可和赞美能使一个人提升自信，但批评可以为我们提供一个查漏补缺的机会，进一步完善自己的产品。在马斯克看来，与其享受赞美，不如关注自己的缺陷，让自己尽量少犯错误。

自信是一种发自内心的自我肯定和自我相信。有些人觉得只有别人认可的东西才是有价值的。如果自己做某件事情不被别人认可，他们的斗志瞬间就会熄灭。别人否定了自己，自己也跟着否定了自己，于是就伤心、迷惘起来。

张波工作几年，积攒了一些积蓄，想去完成自己的创业梦。他回家询问父母的意见，却遭到他们的坚决反对。父母觉得他的工作不错，应该好好争取升职，创业根本不靠谱。如果失败，既亏钱，还浪费时间。张波本来就担心失败，这下越加犹豫，不敢辞职了。

想要得到别人的认可和肯定，是因为自己内心中的不确定感让自己没有依靠和安全感，甚至自己不知道自己真正想要什么。但事实上，我们并不能得到所有人的肯定。即使是再优秀的人，也会有人不认可他的某些行为。

认可并不能靠恳求得到。对于一个不喜欢我们的人，即使我们做得再好，可能我们也不会得到他的认可，反而可能会批判我们。而一个喜欢我们的人，哪怕我们身上只有一个小小的优点，做的事不起眼，都会被他们发现和称赞。

我们要自己认可自己，而不是外求他人。过度在意别人的看法，会让我们变得小心翼翼、患得患失。与其费心寻求别人的认可，我们不如做好自己的掌舵人。

那么我们应该如何培养、提升自信，而不是向他人寻求肯定呢？

面对别人的意见,有自己的判断

对于别人的意见,我们并不一定要全盘接受,尤其是当别人对我们提出反对意见时,我们要有自己的判断。比如,我们想要创业开一家餐厅,收到一堆反对意见,虽然困难和风险存在都是事实,但如果我们做好了准备,就不要被这些否定影响。不去搏一搏,又怎么知道结果呢?

培养技能或专长

如果我们能有一些技能、专长,或者有一件做得好的事情,我们就能够从中源源不断地获得自我认同感。别人的认可对我们来说就不那么重要了。比如,拥有烹饪等技能,能让我们产生自我认同感,能让我们对自己有一个正向的评价。

提升衣着、谈吐等各方面水平

提升自己衣着、谈吐、知识、执行力等方面的水平,这些东西在短期内可以得到比较快速的提升,能够让一个人变得更优秀,这样我们能逐步建立对自己的认同感,才能不需要别人的认同。

别怨恨那些导致失败的先天因素

有人说:"决定自己的不是环境等外在因素,而是自己。"一个人的成功可能需要很多因素共同发挥作用,其中有先天因素,也有后天因素。自卑的人往往过于看重那些先天因素,从而无法摆脱掉自卑。

张燕去面试总经理助理一职之后,没有收到任何消息。她知道自己没有被录用,但还是把电话打过去,不死心地问道:"请问贵公司是因为什么原因没有录用我呢?"对方说老板想要一位年龄偏小的助理,她的年龄不太合适。

张燕很生气地挂断了电话,开始埋怨爸妈没有把她晚生几年,又嫌弃自己的容貌太成熟,看起来比实际年龄大好几岁,整个人的情绪都很低落。

每个人产生自卑的原因都不一样,可以分为先天因素和后天因素。先天因素包括相貌、身材、体重、肤色等,也有残疾、疾病等生理缺陷和不足,还有性格、心理方面的原因。后天因素包括家庭情况、成长环境和各种外部事件等。因此每个人都可能存在缺陷,每个人都不是完美的。所以每个人在某些方面可能会自卑,只是有些人自知,有些人不自知。单拿先天因素说,没有人是完美的,何必揪着自己的缺点自责?

很多人会不自觉地把自己的先天条件和别人的作比较，感觉自己不如别人，甚至把自己的不如意归因于这些小缺陷。然后，自卑的人就会对自己做出较低的评价，这些评价又继续让自己感到自卑，进一步导致了后面生活中的失败。最后陷入失败引起自卑、自卑又反过来导致失败的恶性循环。

一个人的先天条件并不是可以由自己选择的，而且很多先天条件是很难改变的。既然不能改变，就不如坦然接受，如身材胖一点，脸上有几个斑点，头发早早就白了，个子不够高，甚至腿部有点残疾等。不接受就只能无比难受，不如看淡一点。如那句话所言："人生除了生死，都是小事。"这点小缺陷，又算得了什么？

自卑总是在对比中形成和加深的，**那么怎样克服自卑心理，特别是对于自身先天条件的自卑心态呢？**

不必方方面面要求完美

很多自卑的人喜欢追求完美，希望自己在各方面都能够做到完美无缺。但其实再成功的人也不会是完美的，所以我们没必要追求自身的完美。比如，外貌好的，就不必过分在意身高。学会用积极的心态看待、接纳自己，心态对了，也就不会自卑了。

以己之长比人之短

很多人习惯用自己的短处和别人的长处相比，这样会打击自己的信心。那么我们为什么不用自己的长处和别人的短处相比呢？换一种对比的方式，我们就会发现自己也有别人不能企及的地方。不过，不能事事都这么比较，否则容易自大。

忘记曾经的不愉快

对于那些不愉快的经历，我们不要一直放在心里，只需要做好分析和总结，为下一次做好准备。

 够了！请别再消极地自我批判了

当别人遇到挫折时，我们总是能理解、安慰、支持和鼓励他们，但是当自己遭遇同样的境况时，却总是批评、苛责自己。不肯放过我们的人，不是别人，恰恰是我们自己。

小敏去客户的公司拜访，介绍新产品。面对客户时，她忍不住紧张起来，大脑一片空白，脸也憋得通红，原先记住的讲解稿内容忘记了一多半。客户看出了她的窘迫，安慰她不必紧张。

她好不容易镇定下来。讲解完毕后，客户只是收下了资料，表示想再考虑一下。她忍不住懊恼起来：都怪自己刚才太紧张了，客户是怀疑我能力不行吧？……

当一件事情没有做好或者自己犯错误时，自卑的人会忍不住地懊恼半天，心中会出现一个声音："这么点小事都做不好，你简直一无是处……""你真没用……"然后他就会觉得自己非常失败，心中充满了挫败感。这就是陷入了消极的自我批判状态。

自我批判时，一起被唤醒的还有各种失败的记忆。那些铁证就像大山，它们让人深信不疑：你就是不行。以后再遇到同样的事情，还没开始，这个人就会给自己贴上"我不行"的标签。

产生消极的自我批判多半是由于我们太想要证明自己，太期待得到一个理想的结果，就特别不能接受自己出一点差错，对自己就会非常的严厉和残酷。这种苛刻的批判，会让我们焦虑、紧张、不安，情绪内耗，严重时甚至自暴自弃，彻底"摆烂"。

当我们忍不住开始自我批判时，不妨问问自己，有什么担心和害怕的吗？自己真的这么差吗？最重要的是，我们在自我批判的时候要记得自己也是有优点的。不妨多给自己一些肯定，哪怕自己99%的部分都没有做好，也有1%的部分是值得肯定的。

只有停止自我批判，我们才能变得自信。那么我们应该怎样做才能停止批判呢？

想做什么就只管去做

如果我们只是因为害怕失败,害怕被拒绝,就不去做事情,那我们就什么都做不了了。我们更应该活在当下,想做什么只管去做,不要想那么多。比如,想要踢球,就去加入别人的行列。即使踢不好,也没关系。踢不好只能说明我们不熟练,多做几次就好了。

给自己积极的心理暗示

我们可以给自己一些积极的心理暗示。比如,其他人能做到的事情,相信自己也能做到。别人能行,相信自己也能行。我们还可以在桌子上和墙上贴上一些激励语的纸片,让自己经常看到,比如,"我能行,我是最棒的""我是最好的""相信自己",等等。

完成后就奖励自己

我们可以给自己制定一个目标,不管这个目标是大是小。最好是从小事情开始,在做成这件事情后,我们要记得奖励自己,比如去吃好吃的东西,让自己休息一会儿等。从完成这种小事情开始,一点点地治愈自己。

第三章
摆脱他人的期待，做自己

明确自己的目标，不为满足他人的期望而活。想追求自己的目标，就要相信自己的判断。过于在意他人的眼光，去迎合别人，就不能做好自己。坚持做自己的人，才有可能获得理解和支持。

别人的反对意见，不必太在意

有句话叫："走自己的路，让别人说去吧。"不管我们做什么，都会有人提出反对意见。所以，对于别人的话，我们不要太放在心上。

为了能在夏天穿上好看的裙子，小朵决定减掉10斤体重。于是她每天早上起床去跑步，然后带自己做的减肥餐当午饭。同事知道后纷纷反对，说"要苗条就什么都不能吃？不如让自己饱满地生活""没有了美食，人生还有什么意义"。还有人调侃"减什么肥？反正再过五个月就要穿棉衣了"。

小朵想考研究生，于是开始买复习资料，搜索备考的学校和专业。妈妈看到小朵忙得不亦乐乎，就提醒她今年已经快30岁了，考试不如找对象重要，等她研究生毕业，好男人都被抢光了。

小朵不明白，为什么自己无论做什么事情都会有人反对呢？

任何事都具有多面性，人的认知也是有局限性的。面对同一件事情，由于所选角度、感知的不同，人和人的看法也是不一致的，必然会产生不同的意见。

很多人会站在自己的立场上去考虑问题，如果我们做的事情不符合他们的价值观，他们就认为我们错了。有时候，这些反对并没有恶意，只是听起来让人感觉不太舒服。面对这些反对声，我们有时会想为自己辩论，有时候又会质疑自己的决定。

无论我们的想法是对是错，选择A或者选择B，总会有人反对我们，也会有人肯定我们。我们不需要在意这些，也不必为被人反对感到沮丧。就像参加竞选，即便取得了所谓"压倒性的胜利"，也总是会有人投你的反对票。

我们做选择，做决定，并不是为了得到别人的支持和认可。在不被认可时，如果不愿意解释，就可以不解释。如果解释之后，别人仍然不理解，那就不要再纠结和为难自己。毕竟你的生活和别人没什么关系。

还有一种可能，即别人反对我们，是因为我们做某件事情触犯了别人的利益。为了维护自己的利益，对方会使出浑身解数来阻止我们。这种矛盾如果无法调和，那就接受对立的状态，去寻找平衡双方利益的方法。而不必责怪自己伤害了别人，也不必怪别人不通情达理。

我们永远无法满足所有人的要求，不如坚持自己的想法。那么，当别人反对我们时，我们应该怎么做呢？

虚心听取他人意见

听取多方面的意见，才能够作出正确的判断。别人如果提出反对意见，我们可以和他沟通交流，客观地去判断其意见，看是否需要学习和改正。比如，请别人对自己的文章批评指正，只要对方言之有物，就可以吸纳，帮助我们提高。

远离专门挑刺的人

有些人是天生的杠精，什么都喜欢反对。还有些人喜欢挑三拣四，专门爱挑别人的刺。如果对方已经在心里否定了你，对你的行为自然是看不惯的，你做什么他都会跳出来反对，但是却又说不出有建设性的意见。对于这种人，我们要远离。

独立思考，不盲从

有人说："如果总是在意别人对自己的看法，自己的人生就会失去方向，也会给人无法信任的感觉。"独立思考并做出判断，坚持在自己的判断前提下行动，才能够活出自己。如果放弃独立思考，就会有变成没有思想的提线木偶的危险。

微信群里，大家都在讨论一张不同身高女性的标准体重表。林梅发现按照标准，自己足足超重了10斤。

从此，这多出来的10斤体重成了林梅的一个负担，于是她开始想方设法去减肥。她在网络上搜索了一圈，先是吃黑巧克力，但是体重不仅没掉，反而长了一斤。

放弃了黑巧克力后，她又开始尝试不吃主食来减肥，每顿都是吃黄瓜、苹果。体重是掉了，但是她脸色晦暗，她的身体机能下降，整个人看上去蔫蔫的，没有活力。朋友劝她，你不是模特，又不准备演戏，为什么拿对于她们的标准要求自己？于是林梅开始动摇，最终放弃了减肥。

很少有人能不受别人或者外界因素的影响。尤其是在看到比较权威的观点后，很多人都会深信不疑，放弃自己的思考。

只有不成熟的人才会盲目地听从别人的意见。成熟理智的人面对别人的观点时会谨慎分析，根据自己的判断得出结论。哪怕这种判断并不完美，也比盲目地追随稳妥。

许多跟从别人行动的人觉得，跟随别人既可以避免背负千夫所指的心理负担，又可以节省自己的试错成本，能够最快地获得别人的认同，获取利益。其实这样反而容易受到外部的影响，被蛊惑，被"洗脑"，成为别有用心者收割的"韭菜"。

比如，在牛市的时候，有人说"赶紧买，买了就是赚"。于是，很多人压根就不看买的是哪家公司的股票，跟着冲入股市，迎来被收割的宿命。

独立自主地思考是一个人最宝贵的能力。独立思考并不是要刻意地反对别人，驳倒对方的观点，而是全方面、多途径地搜集信息，充分了解并准确理解后，从不同的角度对这件事情进行深入思考，然后得出自己的结论。

对接收到的信息要多问几个"为什么"，不要因为自己的想法和别人不一样就觉得自己错了，要进行分析判断。那么我们要怎样提高自己独立思考和判断的能力呢？

了解事情背后的来龙去脉

网络上经常出现网友们为一个新闻吵翻天的情况。事情刚发生时，如果我们不清楚事情的来龙去脉，仅掌握表面的信息，最好不要轻易地就去下定论，尤其是不要跟风宣扬别人的论断。最好等了解具体的来龙去脉之后再行动。

关注相反的观点

人们总是会习惯性地关注和自己相同或相似的观点。与己相反的观点往往会被自动忽略，其实这些相反的观点恰恰能够帮助拓展我们的思路，让我们发现自己思维中的盲区。比如，主动寻找另一方的观点，看看对方有什么依据。

你可以不认同书中的观点

作者会在一本书里面阐述自己的观点。我们通过阅读书的内容，去充分理解作者的观点，还要进行思考和判断，看看自己是否同意作者的理论。如果不同意，我们也可以理性地表达自己的不同意见。这样思考后的知识才是属于我们自己的。

屏蔽外界的声音，努力做好自己

有人说："太在意别人的目光，只会错失可以行动的机会。"喜欢听音乐的人会买一副降噪耳机。戴上耳机，就能够不被周围的噪声干扰，更好地聆听美妙的音乐。一个人如果想不被别人干扰，也要学会主动降噪，屏蔽杂音。

陈学进入一家公司工作，同事们平时喜欢隔三岔五地互相约饭局，或是踢球、打游戏。有的同事不愿意参加，就被别人说成是"自我""不团结"。他不想成为公司的异类，为了能更快地融入到同事中去，只好虚与委蛇地参加。时间长了，他感觉非常痛苦，想要拒绝，又担心别人说他不合群。

很多人都觉得自己生活得很累，觉得不自由，之所以会这样，除了生存压力大外，就是太在乎别人的眼光和看法。明明自己不喜欢，还要强迫自己去接受一切，努力地去迎合别人。

越是在意别人的想法，我们心中的压力越大，有时别人的一句话就能让我们情绪失控。我们不敢做想做的事情，对自己的行为充满了疑虑，从而陷入内耗。他人的评价和否定的声音就像外界的杂音，对其太过在意就会给自己套上枷锁。我们应该适当地屏蔽别人的声音，给自己一点时间去做自己。

很多时候,糟糕的环境并不会困住我们,过于在意别人的言论才会困住我们,使我们失去信心和行动力。当你决定做一件事时,就不要太关注别人的言论。无论别人怎么说,都保持自己的节奏前行。

那么我们怎样才能屏蔽外界的声音,做好自己的事情呢?

主动屏蔽网络上的负面评论

你辛苦写文章,总有人会在评论区评论你写得不好。如果你气不过想回击对方,想要写一篇惊世大作让对方看看,就会发现自己迟迟无法动笔。要是你屏蔽了评论区的言论,按着自己的想法写,反倒会顺利。

感知自己的情绪和心理

情绪能够反映人的内心。别人让我们选择我们不喜欢的专业,我们心里会有抵触的情绪。如果我们忽略此时内心的感受,让情绪一闪而过,就会走上不适合的路途。只有好好对待自己的情绪,多倾听自己内心的声音,我们才能不在乎别人的声音,走上适合自己的道路。

确定自己的目标

很多时候，我们会受别人的影响，是因为我们不知道自己想要什么，不知道自己喜欢什么。我们可以多问问自己愿意选择什么样的生活，想要做什么样的工作。想要不被外人左右，我们就需要确定自己想要追寻的目标。

落魄的时候,自己温暖自己

一个人落魄的时候,正是最艰难的时候。在别人不看好我们的时候,最需要我们自己看好自己,依靠自己的力量走出逆境。

孙凯之前在公司担任经理职务,后来因病在家休养。半年后,他重回公司,只能辅助配合新经理工作。他发现,他说话不像以前那么管用了,有员工会和他理论半天,还有人当面一套,背面一套,让他很无奈。

一个人不可能永远处于顺境之中,困难和麻烦随时可能接踵而至。最令人难以接受的是身边的人对我们的态度,因为落魄,亲人和朋友可能纷纷离去,甚至有人落井下石。巨大的落差会让我们感觉度日如年,每天都像黑夜一样漫长。

这时,上帝也靠不住,我们只能靠自己熬过这段最难的日子。没有人鼓励你,支持你,那就自己鼓励自己,自己温暖自己,自己给自己疗伤。伤口愈合,才能重见光明。

谢丽尔·桑德伯格是 Facebook 的首席运营官，拥有一个幸福美满的家庭。在她 40 岁那年，丈夫意外离世，撕碎了生活的完美。她每天沉浸在回忆和痛苦中，她以为孩子再也不会拥有快乐，自己再也不会拥有幸福。

在她最绝望时，心理学家亚当·格兰特告诉她："谢丽尔，我们可以采取一定的方法，一步步从支离破碎的不幸与灾难中复原。"她开始进行心理疗愈，慢慢找到了生活的勇气。

身处黑暗，请你举起自己的左手，紧紧握住你的右手。左手代表方向，右手代表希望。它们贴在一起相互温暖，让你不会向困难低头，不会为失败担忧，也让你不再惧怕狂风暴雨的寒冷和侵蚀，拥有走出黑暗的勇气和力量。

在落魄时要照顾好自己的心情，学会给自己安慰和鼓励。那么，此时要怎么样调整自己，让自己的状态越来越好呢？

保持外貌的整洁

一个人的外貌会影响他的心境。越是落魄的时候，我们越不能颓废，要好好地打扮自己。让自己的头发、指甲和身体部位保持干净清爽，还可以去剪一个好看的发型，穿上喜欢的衣服，女士还可以化妆。这些会给自己或别人一个暗示：自己现在的状态不错。

保持房间的整洁

凌乱无序的房间会让住的人心情郁闷。我们要经常打扫房间,把房间里的地面和家具收拾干净,整理好所有的物品,将不用的东西全部丢弃,将垃圾清理干净,还可以买上一些绿植、鲜花让屋子里更有生活的气息。

做让自己开心的事情

状态不好的时候,做一些让自己开心的事,可以愉悦心情。比如,给自己做顿好吃的,去放松一下,如跑步、游泳、健身、逛街、看电影等。千万不要熬夜、酗酒等,进行对健康有害的活动,不仅对身体无益,还会让自己状态更差。

别抱怨，没有人有义务帮你

在成年人的世界里，别人帮忙是情谊，我们要懂得感恩；不帮忙也无须抱怨。我们要记得，没有人有义务帮你。

高振打听到自己的一个老同学在一家公司任职采购部经理，便将自己公司的报价和产品资料发给了对方，请对方一定从自己公司采购。

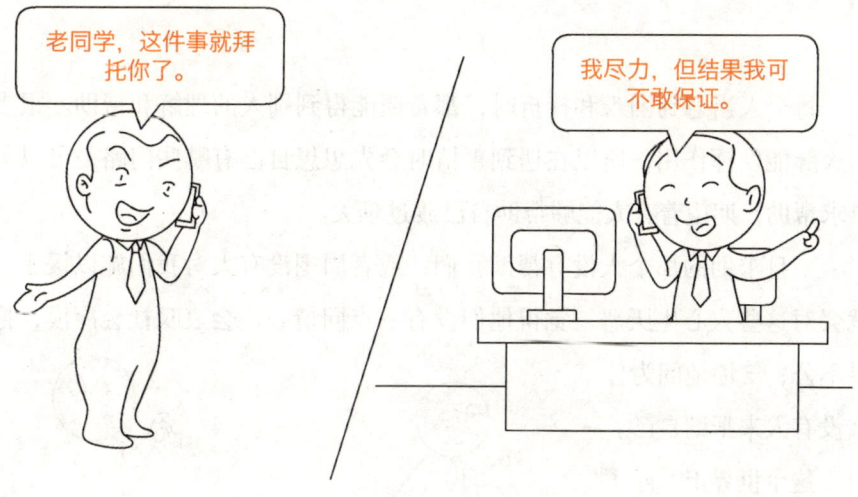

高振觉得凭借老同学的交情，对方一定会买进自己公司的产品。但是，同学给他打电话说，领导定了另外一家公司的产品。高振大失所望，气呼呼质问同学，是不是没有为自己争取。同学也很委屈，说自己已经尽力推荐了，最后定夺的人是老板又不是自己。

每个人当遇到困难和挫折时,都希望能得到别人的理解和帮助。很多人坚信人脉能发挥作用,所以在遇到事情时会先想想自己有哪些门路,可以去找谁寻求帮助,期望着有人能够帮助自己渡过难关。

一旦求助的那个人没有帮助我们,或者周围没有人对我们施以援手,我们就会对这些人心生厌恶,觉得他们没有一点同情心,会哀叹社会冷漠,抱怨世界不公,气愤地问为什么没有人来帮助自己。

这个世界上,除了父母,谁有义务帮你?需要帮助时,别人选择伸出援手,还是选择不帮,都是别人的权利。

第三章 摆脱他人的期待，做自己

永远不要责怪别人不帮你，也永远不要埋怨别人不关心你。别人并不能够切身体会和理解你的感受，就好比石头砸在你自己的身上，别人并不会感觉到疼痛一样。真正能帮助你的，永远只有你自己。与其花时间抱怨别人，不如用这个时间想办法解决问题。但是如果有人能在第一时间赶来帮助我们渡过难关，我们要感恩对方的无私帮助，学会珍惜。

那么我们平时要做些什么才更有可能得到别人的帮助呢？

平时多维护和亲友的关系

即使是对于亲朋好友，也不能只在需要用到的时候才联系。这种临时抱佛脚的行为会让对方厌烦，对方很可能会拒绝我们。我们可以平时与对方多联系，多走动，多见面，维持住良好的关系和交情。

主动地去帮助别人

> 刘姐,我帮你把资料复印了吧。

> 哎哟,我正愁没人帮我呢。多谢啦。

> 谢谢,您的帮助可真是"及时雨"啊!

> 小王,这次做报告,你不会的就来找我。

确实有人会无私地帮助我们,但我们不能把别人的无私帮助视为理所当然的事。而且很多人愿意帮我们,也是因为我们曾经帮助过对方。主动地做一些力所能及的事情去帮助别人,当某天我们有困难时,对方很可能也会帮助我们。

实力达到，才会有人来支持你

你越来越漂亮，自然会有更多人关注你；当你有能力时，自然会有人来支持你。很多人并不是缺乏机遇，而是自身缺乏实力，把握不住机遇。

罗勇之前在一家大型贸易公司做业务经理，因为工作的原因结识了许多大小公司的老板。后来，他辞职开了一家贸易公司。他给那些老板挨个打电话，希望他们能够念及往日的交情帮帮他。但是这些老板不是婉言拒绝，就是不接电话。频频被拒绝，让他十分消沉，哀叹着这些人太势利，以前简直是瞎了眼。

很多人觉得自己认识几个老板，就有了人脉，为此感到骄傲和自豪。还有些人认为别人对自己巴结，是因为自己有能力，其实那可能只是因为你处在某个平台中或位置上，并不是因为自身有实力。

你以为"背靠大树好乘凉"，但当你离开了那个平台或位置，曾经围在你身边的人会立刻散开。当你实力不济时，大多数人只会轻视和冷落你，你认识的人再多也没有用。相反，如

果你的能力够强,根本不需要到处与人结交,自然会有人想主动认识你。

在电影《窈窕淑女》中有这样一句话:"你要像个公爵夫人那样说话,因为粗俗的语言只能够使你待在贫民区。"的确,生活中,你想要拥有什么样的朋友圈,就必须拥有配得上那个圈层的才华和气质。

有人总是抱怨自己身边的人都太平凡,却不曾想过,就算现在为他引荐比尔·盖茨,他有没有和对方打招呼的底气?就算敢打招呼,又有没有能和对方聊下去的见解、观点?

当你总是遭遇别人的冷眼时,不要总是抱怨对方不尊重你,要反思下自己是否有别人认可的价值和资本。

我能写作、会画画、懂培训,做得最好的是……

> 人往高处走,水往低处流。人们都喜欢有能力、足够强大的人。**那么我们应该如何修炼自己,在社交中又该注意什么呢?**

划定你的能力圈

查理·芒格认为,没有边界的能力,根本就不算是能力。别琢磨着把自己打造成无所不能的超人,事实是,你必须选择一个小小的范畴作为自己努力的领域。如果你在多个领域都有发展,那就要做出取舍,放弃那些处于中等水平或低于中等水平的能力,将目光集中于自己极为擅长的领域。尤其要避免一些由于内心热爱而做,但没有天赋带来的干扰,比如我喜欢画画,但总是画不好的情况。

以成为所在领域的精英为目标

每个领域都有精英,就算你的起点很低,从事的也不是什么高大上的职业,也没关系。就算是学理发,也可能成为行业内最棒的发型设计师。就算做平时被人看轻的"刮腻子"工作,也有人刮成了"世界冠军"。

主动展示自己的价值

在关键时刻，我们可以主动展示自己的价值，比如展示自己有什么擅长的技能，或者可以给对方提供什么帮助。主动提高自己的曝光率，尤其要争取一切在重要场合的曝光机会，让更多的人认识我们，让我们赢得更多人的认可和关注。

第四章

正面面对,被拒绝也没关系

宽容地看待自己和别人的差异,不必强迫对方来满足我们。工作和生活中,拒绝无处不在。害怕被拒绝,选择逃避,会让我们和成功擦肩而过。用正确的方法直面拒绝,能让我们离成功更近一步。

表白被拒，给彼此缓冲的时间

我们遇到心仪的人，向对方表白，当然希望对方能与自己两情相悦，但实际情况未必能符合我们的心愿。那么我们就要学会处理表白被拒绝的问题。

骆北在朋友聚会上认识了一个女孩，他们互相加了微信，时不时地聊天。随着了解的加深，他喜欢上了这个女孩。

不久之后，他帮了女孩一个小忙，女孩请他吃了一顿饭。他觉得两个人的关系更近了一步，于是就趁机鼓起勇气向女孩表白。没想到女孩直接拒绝了他，说自己只把他当作普通朋友。

骆北很失落，他不甘心，之后就经常在微信上和女孩表白。女孩很反感，就把他拉黑了。

大多数人在表白被拒绝后会心有不甘，想要再继续努力一下，认为对方在感到自己的诚心诚意后肯定深受感动，说不定就会点头同意。其实很多人在拒绝对方的表白后，都不希望对方死缠烂打，那是一种令人厌恶的行为。

对方在拒绝我们时往往会这样说："我们真的不合适。""我只是把你当作普通朋友。""太突然了，我还没有做好心理准备。"说出这些话，本身就意味着对方不喜欢我们，继续缠着对方不放，只会让对方厌恶，甚至可能会被对方拉黑。

被对方拒绝后，继续去纠缠对方并不能让我们达到目标。如果保持冷静和拉开一段距离，可能反倒会让对方意识到我们身上的优点，给彼此一段缓冲的时间。

另外，我们可以趁着冷静下来，思考一下对方是不是值得我们追求的人。只有让自己静下来，让"上头"的感觉冷却下来，我们才能知道对方是否值得自己继续投入，继续追求。如果你认为对方不值得，不如早点放弃，减少损失。

> 如果我们表白被拒绝,仍然想继续追求对方,我们应该怎么做呢?

表白前做好心理准备

很多人表白被拒绝之后觉得很尴尬,于是恼羞成怒,做出很多过激的行为,最后双方连朋友也做不成了。作为成年人,应该控制好自己的情绪,这样能给对方留个好印象。因此我们在表白之前应该有心理准备。

分析被拒绝的原因

在接受对方拒绝的同时,我们还可以根据对方的话来分析对方拒绝的原因,看看是不是我们有能力弥补或者修正的。

改变自己,重新建立吸引力

很多时候,被拒绝是因为没有吸引对方。我们可以利用一段时间来改变自己,充实自己。当再次相遇的时候,让对方有眼前一亮的感觉。能给对方以吸引力,就能让恋爱实现。

搭讪被拒，不强求

搭讪是认识异性的一个途径。很多单身人士要么是害怕去和异性搭讪，要么是在被拒绝后态度恶劣。其实搭讪被拒并不可怕，只要学会知难而退就可以了。

邱盛和几个朋友去体育馆打球，他在休息区看到一个长相可爱的女孩子。考虑到他母胎单身28年，朋友们纷纷鼓励他前去主动搭讪。

在朋友的坚持与鼓励下，他鼓足勇气向女孩子走了过去，说道："你好，我刚才看见你打球了，打得真好。能和你认识一下吗？"

女孩子很冷漠地说，她不认识邱盛，不想和他聊天。邱盛瞬间感觉脸红到脖子根，内心愤怒又无地自容。

很多人害怕搭讪，一是害怕被对方拒绝；二是担心被拒绝后自己的面子受损，场面尴尬。

其实搭讪被拒绝是再正常不过的事情。要知道，我们不能让每个人都喜欢我们。搭讪不过是为自己争取一次交友的机会，既然对方不乐意，彼此没有缘分，自己也不必勉强。何况，自己也并没有什么损失。不管对方给不给我们机会，我们都锻炼了自己的胆量，算是赚到了，可以当作是对自己的一次锻炼。

一回生，二回熟。和陌生人搭讪这种事情也是需要不断练习的。即使这次被拒绝了，也可以当作累积经验。以后，我们就知道怎么样搭讪更容易成功了。

千万不要因为一次搭讪失败就气馁了，要记住这次不行，还有下一次，还有很多机会可供我们去实践。

虽然搭讪可能不会成功，但是提高搭讪的成功概率不是没有方法的。**我们搭讪时，可以注意以下几点：**

要有自然的开场白

很多人在搭讪时没有任何开场白，一上来就找对方索要联系方式，比如："美女，能给我你的手机号吗？""同学，加个微信呗。"这样让人感觉很随意，会让对方感觉很不爽。不如先和对方闲聊几句，显得自己没有那么强的目的性。

态度真诚

如果对方拒绝时是和颜悦色的,这时候我们的态度就要真诚一些,不要油嘴滑舌地说"如果我不来认识你,我会后悔一辈子"之类的话,要表示我们真的很想认识对方。

被拒绝时礼貌地道别

被拒绝后,如果我们继续软磨硬泡、死缠烂打,对方就会进入戒备和防御状态。这时候,我们不妨表现得绅士淑女一些,有礼貌地向对方道别,然后离开即可。

借钱被拒，也许不是坏事

当我们急需要用钱，而手里的钱不够时，就会想要借钱。但是，借钱并不是想要借就一定能够借到。其实，借钱被拒对我们来说也可能是一件好事。

当我们鼓起勇气，甚至放低自尊，向亲戚好友借钱，却遭到对方的婉拒时，难免会失望、沮丧，自尊心受挫。借钱是为了应急，是为了解我们的燃眉之急，但很多人借钱却是为了满足自己的虚荣心。这样一来，只会让我们的财务状况变得更糟糕。

人的消费欲望是无限的。如果我们需要通过借钱来满足自己的消费欲望，即使欲望能够得到短暂的满足，终究还是要面对后续无尽的债务。这些债务对我们的生活会产生很严重的影响。

周娟想借钱，于是去找朋友丽丽。丽丽问她："你借钱要干什么？"周娟说快过年了，想要给妈妈买个最新款的苹果手机，带回家当作礼物，这样自己也有面子。

丽丽想了想说："我觉得你的想法挺好的，过年了，肯定要买点礼物回去。但送礼物重在心意，手机的话，不必买最新款的苹果的吧？你妈妈在乎的肯定不是礼物多贵重，你说是不是？"

周娟心里虽然有点不高兴，但她也觉得丽丽说得有道理。

别人拒绝借钱，也可以看作是对我们的一种提醒和保护。我们不妨趁这个时候问问自己，真的需要借那么多钱吗？假如借钱的理由并不充分，就要控制自己的欲望。

借钱被拒绝还有一个好处，就是能够让人知道关键时刻谁才是肯帮忙的朋友。因为每个人的钱都得来不易，愿意借钱给你的人都是相信你的人。这样的人值得我们重视和珍惜。

那么关于借钱，我们有哪些方面需要注意呢？

理性借贷

我们要树立正确的消费观，学会量入为出，避免盲目消费。如果有负债，要及时梳理负债情况，制定还款计划，停止无节制的消费和借贷。

借钱被拒绝不要说气话

向别人借钱之前,就要做好被拒绝的心理准备。不要一被人拒绝,就说出一些伤人的话,比如:"你爱借不借,不借拉倒。""不借就算了,哪那么多借口?"这样的气话会伤害彼此的感情和关系。

选择正规的金融机构和平台借款

在个人征信良好的情况下,我们可以选择合法合规的金融机构和平台进行贷款。这些机构和平台会根据借款人的偿还能力来开放合理的贷款额度。

求职被拒，重视结果，更重视过程

大多数人想得到一份好的工作，都需要经过求职面试的阶段。很多人只重视面试的结果，其实面试的过程更重要。

孙然在找工作。他投递了很多简历，只要有面试就去参加，最多的时候一周要面试五六次。不过他每次面试都被拒绝，他每次都是趁兴而来，扫兴而归。

时间一长，孙然就不愿意再参加面试了，每天都在家里玩游戏。他的爸爸妈妈看他这么颓废，就问他怎么不去面试了。孙然说反正每次面试都失败，他就不去了。

妈妈让他总结下面试不成功的经验，继续投递简历。孙然连连摇头，说自己没问题，都是招聘单位的问题。

作为求职者，我们在求职时可能会被招聘单位拒绝，被拒后难免感觉失望、气恼。尤其是不止一次的面试失败，仿佛有人一遍一遍在说"你不行"。

其实参加面试，我们不应该只关注结果，更应该关注导致被拒绝的原因。

虽然这是一个双向选择的过程，但是求职者不能只寻找外界的原因，自己的错误也要及时修正。这样才能避免今后在同样的问题上犯错误，更快地获得心仪的工作。

我们需要反思自己在面试时有哪些方面做得不够好。比如，自身的性格、能力、经验等是否符合岗位的要求。特别是想换行业换职位的时候，更需要确保自己能够达到新工作的要求。

有时候，在面试中表现不好也会导致我们被招聘单位拒绝。比如，面试时的着装太过随意，回答问题的态度不够热情大方，简历中没有亮点，没有展示出自己过往的业绩和专业能力等。这些面试技巧方面的问题也会影响应聘结果。

面试没通过，我哪里做得不好呢？

那么当我们找工作被拒绝时，可以做些什么呢？

向招聘单位询问原因

当面试官告知你没有通过面试，你不要只是说"谢谢"。可以在面试结束时当面询问，或者通过发微信或邮件向对方询问自己被拒绝的原因，是技能还是经验问题等。了解这些对于今后面试相关职位是有帮助的。

我能问问原因吗？

很遗憾，你不能进入第二轮面试。

不要沮丧

工作虽然重要，但是生活中还有其他的事情。我们不必因为求职失败就感觉很挫败，更不用表现得那么失望。失去的这份工作，可能并不适合你。我们要告诉自己，好的工作还在后面。

学会包装自己

找工作也是一个推销自己的过程。我们要把自己当作商品推销给用人单位。不管是外表的包装、简历的编写，还是个人介绍等方面的准备，都需要重视起来。应聘被拒后，这些方面做到位能够提高我们今后获得满意工作的概率。

漫画秒懂被拒绝的勇气

加薪被拒，不对领导说气话

身为员工，我们提出加薪，领导欣然答应，自然皆大欢喜。但是如果主动提出加薪却被拒绝，就要想好相应的对策，以免让大家都下不来台。

赵城在公司工作了三年，他自问这三年来勤勤恳恳，工作也做了不少，于是鼓起勇气去找老板，要求公司给他加薪。没想到，老板以行情不好，不能随便加薪为理由拒绝了他的要求。

赵城很生气，指责老板就是在故意欺负他老实。他越说越生气，最后他直接对老板说，公司对他不公平，他要辞职。老板也不甘示弱，不耐烦地说他想走就去办离职手续。

人人都盼着加薪，你向老板提出加薪了吗？老板答应了吗？如果没有答应，你怎么想？抱怨不公平？背地里吐槽老板太小气？甚至和老板拍桌子瞪眼？

当我们抱怨工资太低的时候，是不是应该想一想自己是否有加薪的筹码？如果你是老板，你会同意加薪的要求吗？

提出加薪被拒绝，可能是因为我们没有处在公司的核心位置上，对公司来说并不重要。也有可能是公司出于成本的考虑，不愿意给我们加薪。

无论由于哪一种原因被拒绝，都要注意不能引起领导的反感，特别是不要以辞职来威胁领导。因为大多数企业很在意员工的忠诚性，如果让领导感觉到你想要离开，会影响你在公司的处境。

我们向领导提出加薪，却遭到领导的拒绝，接下来我们要怎么做呢？

得体地表达自己的态度

被领导拒绝后，我们要稳定住自己的情绪，不要沉浸在受伤和不安的感觉里，要给领导得体和积极的回应。既不能没有态度，也不能做出抱怨和吐槽的行为。正向回应能给下一次提出加薪打下基础。

只谈论自己加薪的问题

在提出加薪的过程中,我们不要问领导为什么给别人涨工资,别人的工资为什么比你的高。只说自己,不要和别人对比。否则谈话就会从讨论为什么没给你加薪变成对领导进行指责。领导不但不会给我们加薪,还会彻底厌恶我们。

询问领导拒绝加薪的原因

我们可以用比较好奇和轻松的语气,试着向领导询问拒绝加薪的原因,是公司的原因,还是我们个人的原因,公司对于员工加薪有哪些要求,我们有哪些方面可以改进,等等。

另谋高就或提升能力

加薪被拒绝后,基本上有两种处理方法。要么主动另谋高就,要么继续留下来工作。无论选择哪种方法,我们都需要打磨属于自己的职业技能,提升能力。这样对今后再找工作或再次提出加薪都会有好处。

推销被拒，快速调整心情

向客户推销自己的产品是销售人员每天最重要的工作。推销总会有成功，也有失败，所以要有在被拒绝后快速调节情绪这个必备技能。

业务员李亮去见一个好不容易才有时间与他见面的客户。他早早地来到客户的公司，见到客户后就迫不及待地拿出了所有资料和样品，给客户讲解。

等讲解完毕后，客户不紧不慢地说，他们需要开会讨论一下，看看这款产品的功能是否满足要求，然后就结束了会面。

李亮本来信心满满的，这下感到非常沮丧，心想，这个客户这么难同意，还是放弃吧。他脚步沉重地走出客户的公司大门。

很多刚刚做销售工作的新人在被客户拒绝之后，会很沮丧，就连有一定销售经验的老手也难免出现这种情况。有些销售人员害怕被拒绝，就再也不敢约见客户。就此放弃了客户，导致机会白白流失。

被客户拒绝，是做销售工作必须经受的打击。销售人员就是要频繁地向不同的客户推销产品。除了很快成交和不会成交的客户外，大部分客户都是需要我们使用正确的方法去争取的。

客户的拒绝是一种压力，但同样也是动力。局面并不是不可改变的。我们做销售工作，面对客户要做到不离不弃。就好像谈恋爱，被心仪的对象拒绝，我们也不能轻易地放弃一样。

我们被客户拒绝后，除了积极地做好心理调整外，还要不断地去寻找方法，花费心思去挖掘突破口。这样能够尽快将关注点转移。

既然被拒绝是不可避免的，那么我们面对客户的拒绝时，要怎么做呢？

向客户进一步展示自己

有些客户不了解产品时，就认为产品不能满足他的需求，然后拒绝我们。如果我们能够更多地向他展示产品优势，让他找到对该产品感兴趣的方面，给他专业的建议，就会提高成功的概率。

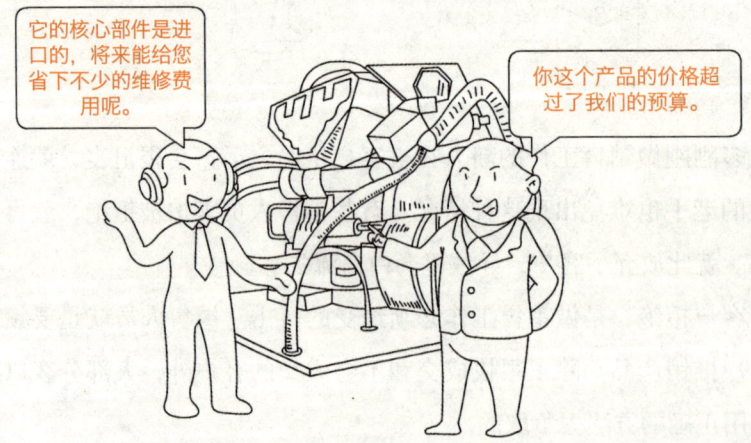

换个时间再次联系客户

有时候客户拒绝是由于产品之外的原因。比如拜访的时间不对，我们的表达方式有误，或者是客户在使用谈判策略，想要讨价还价。这个时候，我们不要着急，可以先暂停，重新找个时间再继续说服客户。

继续向其他客户推销

推销是否成功，有时候是个概率问题。我们要相信自己一定能遇到可以成交的客户，现在被拒绝只是帮助我们筛选掉一个不会成交的客户。我们拜访的客户越多，就越容易有成交的机会。

求婚被拒，避免恼羞成怒

求婚是有风险的。如果求婚成功，两个人就会进入人生的下一阶段中去，如果求婚失败，也不能恼羞成怒，那样只会更加难堪，无法收场。

情人节这天，楚晓亮订了蛋糕和玫瑰，约了女友吴娜。一看见吴娜，他就单膝跪地，说道："娜娜，嫁给我好吗？"吴娜一点心理准备也没有，吞吞吐吐地说："对不起，我还没想好。"

吴娜在慌乱之下想要离开，就在她转身的瞬间，她被楚晓亮一把扯住衣服。他气急败坏地质问吴娜，自己这么诚心诚意地求婚，为什么要拒绝他？她是不是移情别恋了？

吴娜本来还有点过意不去，听了这话，一下子火冒三丈，大声说是，然后拉开门就冲了出去。

我们向伴侣求婚，通常都会进行精心的准备，甚至有盛大的仪式。如果遭到无情的拒绝，特别是有其他人在场的情况下，我们更容易感觉无地自容、不知所措。这种情况下，假如我们因为失去面子而生气、发火，场面只会更难堪。

这个时候和对方吵架，对方会觉得我们不懂尊重，倒不如保持风度，尊重对方的选择。这样可以避免两个人发生矛盾，让情况变得更糟糕。

求婚被拒绝后，如果身边还有围观的朋友和路人，我们更不能向周围的人撒气，那样就难以收拾。不如由自己或者请朋友收拾下现场，然后尽早离开。

 向心爱的人求婚是恋爱中要经历的一个环节。**可是万一伴侣拒绝了求婚，我们接下来应该怎样处理呢？**

用幽默的话语缓解尴尬

求婚只是我们向对方表达我们结婚的意愿，对方并不一定就要接受。当对方拒绝时，我们可以微笑一下，说些幽默的话语来缓解尴尬，对方也会对我们更有好感。

私下询问被拒绝的原因

求婚被拒绝后，我们要私下里向对方了解被拒的理由，是彼此对于婚姻和生活的规划不同，还是对方有其他的顾虑和要求。了解清楚原因后，我们可以考虑下自己是否能解决这个问题。

做出改变或选择分开

知道了求婚被拒绝的理由后,我们要么做出适当的改变,提升自己各方面的水平,满足对方的意愿,要么就选择分开。

提前进行沟通

求婚是有前提条件的,那就是双方对于结婚有一致的打算。最好是双方提前沟通过结婚的想法,甚至已经得到了双方父母的允许。这样子,我们再向对方求婚,要比突然袭击式地求婚具有更高的成功率,更不容易被对方拒绝。

 方案被拒，挑剔比点赞更能让你进步

在职场，我们总是需要给领导和客户提出各种建议和解决方案。建议或方案被认可当然是好事，但是被拒绝了也同样能够给我们带来帮助。

肖奇把做了好几天的策划案交给领导。领导看完方案，给他提出了如下的意见：方案中的数据都是前几年的旧数据，最好使用权威部门最新的调查数据。方案虽然有和热点结合，但是不太符合甲方的品牌定位。

领导建议肖奇把策划案拿回去重新做。他走出领导办公室，回到自己的工位上，忍不住将策划案摔在桌子上，嘴里嘟囔着领导简直比甲方还要挑剔。

辛苦撰写、设计的方案被领导或客户挑剔，甚至是否定，我们会灰心丧气，可能会抱怨。方案被拒绝，有多方面的原因。主要的原因在于我们的方案做得不够好，不能让对方动心。

我们提出的方案仅仅是经过自己的思考撰写出来的，很可能存在问题或缺陷。想要让方案变得完美，需要其他人的审视。根据大家提出的意见和建议，进行很多次的修改和完善。

在改进的过程中，我们需要和领导或客户不断地沟通、交流。在接收到反馈后，思考自己的方案和对方的要求有哪些差异。每一次的拒绝，都是反思自己、复盘项目的好机会。

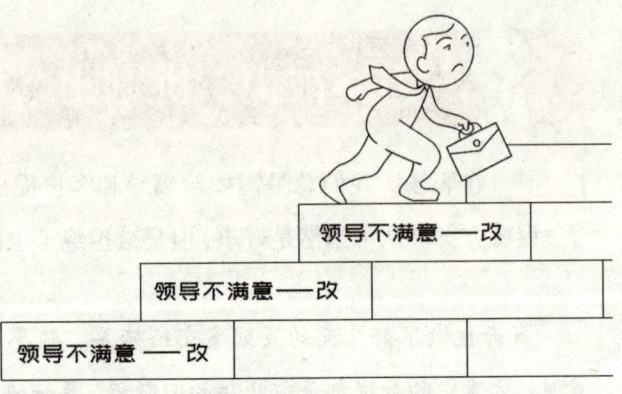

如果因为被拒绝而不耐烦、不接受，我们就会错失积累经验、锻炼技能的时机。

方案不断被优化的过程中，领导和客户会看到我们的努力，意识到你为这个项目付出了很多精力，从而更愿意重视我们的方案，使得方案更容易被采纳。

那么我们要怎么做才能提高说服力，让方案更容易被采纳呢？

详细陈述方案提出的原因和背景

一上来要先讲为什么要这样做，这样做有什么意义，能获得什么收益。让领导和客户知道这样做可以解决哪些问题和痛点，这样，方案的说服力和被采纳的成功率会大幅提升。

给出明确的方法

要给出明确的办法。模糊、不够清晰的表达，会让人认为方案提出没有经过深思熟虑，可操作性不强，更会让人觉得我们不能为这项工作负责。

提前想好被拒绝后的说辞

我们在提出方案之前,要充分考虑到对方可能会提出哪些反对意见,针对这些意见要如何表达自己的观点。事先做好准备,以免遭遇拒绝时无能为力。

语气坚定,有自信

提出方案时,如果讲话迟疑、没底气,再加上目光躲闪,很容易被对方怀疑和否定。而有理有据加上自信坚定的语气,比较容易说服对方。

第五章
在好的关系中获取能量

想要消除烦恼,唯有自己一个人生存在宇宙中才有可能。在人际关系中被拒绝、被否定、被轻视,会让人感觉很受伤。但当我们处在一段好的关系里,和志同道合的人同行,和有界限感的人舒服相处,因为理解别人而被温柔以待……足可以疗愈内心,获取能量。

远离习惯给你"差评"的人

开网店的人大多有被差评的经历，客服回复慢了，买完降价了，等等，甚至有人成为职业差评师。如果我们身边也有这样的"人际差评师"，专门挑我们身上的毛病，对其还是远离的好。

潘琳把自己做的蛋糕带来给公司同事分享。同事们要么说"谢谢"，要么夸她的手艺不错，将来肯定是贤妻良母。只有一个女同事看了一眼蛋糕，就说颜色不好看，让人没有食欲。

潘琳想把蛋糕拿走，没想到这个女同事又说潘琳小气、玻璃心，说以后还怎么工作呢？把潘琳气得不行。

总有人喜欢给别人"泼冷水"，不管别人做的是对是错。这类人对别人各种看不顺眼，特别是在对方高兴和得意的时候，他们总喜欢通过批评别人来刷一波"存在感"。表面上看他们是无意为之，其实他们是想借助打压别人来获得优越感。

如果身边有这类人，即使我们再优秀，在他们不知疲倦的"差评"中，也终究会成为一个自卑的人，自己都会否定自己。尤其是内心敏感的人，更容易受到这种负面评价的影响，无法维持良好的心态。

如果一个人整天对你进行各种各样的抱怨、责备和批评，看不起你，让你开始怀疑自己，这绝对不是你的问题，而是对方有问题。真正对我们好的人会包容我们。即使我们有错误，也会在指出错误的同时，照顾我们的感受和尊严。

并不是所有人都能与我们成为朋友，我们要学会远离那些总是喜欢负面评价我们的人，让自己的每一天充满自信与希望。

那么，想要远离生活中的"差评师"，我们需要做些什么呢？

和尊重、鼓励我们的人交往

有句话叫"说你行，你就行，不行也行；说你不行，你就不行，行也不行"。喜欢鼓励别人的人能让周围的人更加积极和自信。温暖正面的肯定和赞扬，还能有助于双方形成良性的互动。我们应该和这种能给我们赋能的人交往。

以其人之道还治其人之身

如果有人经常对我们进行负面评价，我们可以想办法"教训"对方一下，但是不要太过激，需要注意分寸，让对方知道我们的厉害，他以后就会避开我们。

给自己和身边人"好评"

与其通过别人的评价来寻求信心，我们还不如多给自己一点鼓励，让自己更自信一点，也多给家人和朋友一些好评，让身边充满正能量。

勇于在众人面前展示自己

以前我们觉得"是金子总会发光",羞于在众人面前展示自己。现在这种观念却需要转变了,因为"酒香也怕巷子深"。

美国客户忽然到访某公司,恰逢该公司的专职翻译不在。领导想找一个英语好的人充当临时翻译。喜欢英语的郑晓红很想报名,但是又有些胆怯,害怕自己表现不好,犹豫中被另一位同事抢了先。

我们从小就被教育"枪打出头鸟",所以养成了含蓄的性格,在工作和生活中没有存在感,就像透明人一样。这样的人往往习惯于被动地接受,很少去主动争取,令自己失去了很多的表现机会,眼睁睁地看着别人将机会抢走而无能为力。

如果没有伯乐的赏识,千里马也不为人所知。但现在的社会人才济济,"千里马常有,而伯乐不常有"。想得到别人的赏识和帮助,不能只等着伯乐来发现我们,我们也要抓住机遇,以毛遂自荐的精神主动宣传自己。

很多人不敢一展锋芒,要么是持有"明哲保身""多做多错,不做不错"的心理,要么是持有"少出力,不吃亏"的心理。不做的确不会错,但也不会脱颖而出。

当然,自荐也不可盲目。必须

具备真才实学，对自己有清晰的自我定位，既不能高估自己，也不能半瓶水晃荡。实力是面对质疑和否定的勇气和底气，也是勇挑重担的保证。否则，不仅会浪费机会，把事情搞砸，还可能沦为笑柄。

那么，我们要如何恰当地展示自我呢？

多参加社交活动

很多人在人多的场合会不自在，害怕被众人的目光锁定，开会时不愿意发言。其实我们可以多参加聚会、会议之类的社交活动，能增加曝光，使我们能融入这类环境里，感到自在从容。逐渐融入到其中后，我们会开始习惯出现在众人面前。

大胆说出自己的想法

坚定自信、直截了当地说出自己的想法，是一种自我肯定的表现。即使别人不理解、不支持，质疑和歧视我们，我们也要勇敢地站出来陈述自己的理由。但是要注意，不要只是反对别人的观点，这样会显得咄咄逼人，让人不舒服，引起反感。

适时"推销"自己

我们可以在合适的场合中进行自我推销，比如在会议上说出自己取得的成绩，在面试时陈述自己的成就，向客户推荐自己，展示优势。诚实地告诉别人我们有何能力，让对方了解我们。实际上，自夸也能给我们力量，不要羞于启齿。

寻找志同道合的朋友

有人说："一个人的意义是没有用处的，真正的意义是从与人交往中体现出来的。"朋友对于人的成长和发展具有很重要的意义。和志同道合的人走在一起，不仅容易获得别人的帮助，还能使我们在心理上得到支撑。

周雪很喜欢做烘焙，梦想着将来开一家自己的蛋糕店。一次同学聚会上，周雪见到老同学小玲，她在聊天中发现两个人都是烘焙的爱好者。接下来的日子，周雪和小玲经常交流烘焙的技巧，两人还会分享彼此生活中的快乐和烦恼，关系越来越密切。

相同的理想和信念能让一群人相互支撑，相互鼓励。很多著名的企业家在创业之初，身边都有愿意和他走在一起的人。因为相互理解，才能度过艰难的岁月，迎来成功。

我们也许不能结识那些优秀卓越的人，但是我们可以跟与自己有同样爱好和理念的人做朋友，形成一个志同道合的圈子。朋友的支持能给我们带来无限的能量，让我们勇敢地克服困难，迎接挑战。

身处有同样追求的人群之中，我们更容易在交流中获得认同感。这会让我们乐于和别人沟通，有助于形成良好的互动交往模式，让我们摆脱压抑、自卑，成为一个积极向上的人。

一个人不能脱离他人而孤立存在。人生路上，朋友不可或缺，特别是与我们有共同的兴趣爱好和理想的朋友更能伴随我们一生，遇到这样的朋友，既是人生的幸运，也是人生中的宝贵财富。

那么，我们可以通过哪些途径来找到志同道合的朋友呢？

参加自己感兴趣的活动

各大网站和社交平台会组织各种活动，我们可以在其中选择自己感兴趣或者符合自己喜好的活动参加，比如电影、户外运动、展览、摄影等。经常参与这类活动，不仅能开阔眼界，还可以通过交流认识很多有同样爱好的人。

参加培训课程

参加培训课既能提升技能，还能认识各行各业的人；不仅可以打开社交圈，还可能收获友谊。而且通过这种途径认识的人大多比较有上进心，对我们将来的工作和生活可能有帮助。

使用一些交友方法

我们在生活和工作中遇到志同道合的人，可以主动和对方联系，或交流彼此对某事的看法、意见，或就某事夸奖对方，或者向对方请教一些问题，或者给予对方一些帮助。通过使用这些方法进一步了解对方适不适合与我们做朋友。

与人相处时被言语伤害，要冷静以对

与人为善，于己为善；与人有路，于己有退。我们怎样对待别人，别人也会怎样对待我们。善意地理解别人，不只是为了别人，也是为了自己。而我们自己这方面，如果被不友善对待，也要以恰当的方式处理。

小芳在亲戚家喜宴上打包了几盒剩菜，一进门就招呼室友莎莎和小凤来尝尝。莎莎很嫌弃地看着这些剩菜，抱怨小芳给她们吃剩菜，是拿她们当乞丐。小芳很生气，正要把菜倒掉，被小凤拦住了。小凤还打趣说快月底了，小芳一定是知道她们手头紧，才把剩菜拿回来的。

我们身边的人，也许是亲人朋友，也许是同事路人，他们的某句话、某个行为很可能会让我们感到不舒服，感到难受。

我们如果消极地回应对方，比如指责、争吵、冷战，又会导致对方更消极地回应我们，使矛盾升级。不只影响了双方的心情，更会伤了彼此的感情。

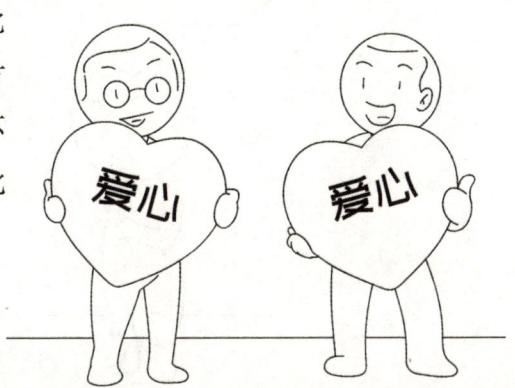

别人出现不妥当的言行后,我们可以采取哪些方式去回应呢?

远离对方,让自己冷静下来

当我们和对方都有情绪时,很容易发生矛盾。为了不受到情绪的影响,我们可以先冷静下来,让自己快速地平复心情,避免让局面变得不可收拾。如果对方实在充满敌意,我们可以远离他们,同时让自己消消怒气。

询问对方发生了什么事

每个人都希望能有人倾听自己的心声，希望能得到别人的理解。我们可以试着去了解对方身上发生了什么事情，关心对方的工作和生活，试着去理解对方的言语和行为。

避免随意评价别人

在不了解事情的真相和具体原因时，不要随意地给别人下定论，比如说"他太小气了""他就是故意的"。不以己度人，妄加评论，就是我们最大的善意。

保持边界感，好的关系是熟不逾界

有人说："就算不认同别人的选择和生活方式，也不要私自介入指手画脚，除非经过沟通变成共同的事情。"俄罗斯作家邦达列夫也说过："人类的一切痛苦根源，都源于缺乏边界感。"人与人之间的交往，既要亲密，也要有间。不越界，才能保持最舒服的状态。

何晓天遇到了一个很久没见的朋友。两个人聊天时，朋友说起自己辞掉了稳定的工作，打算投资创业。何晓天觉得朋友做此决定并不明智，还语重心长地劝朋友趁着年轻赶快再去找份工作，失去了边界感。朋友当然不认同他的说法，但是又不好表现出来，场面变得很尴尬。

有人觉得好的关系就应该是不分你我的。其实想要与任何人长久地相处，都需要恰到好处的分寸感。最怕的就是不能把握好尺度，不懂得保持距离，把别人对自己的好视为理所当然，让别人感到不舒服，如此再好的关系也不能长久。

低情商的人觉得彼此很熟了，就可以肆无忌惮，于是忘记了分寸和距离，总是说些让别人难堪的话，做些侵犯别人边界的事情。

在心理咨询里，具有良好的边界感意味着：我们需要承认和尊重彼此的独立性，我为我的生命负责，你为你的生命负责，绝不轻易越界。比如：新邻居拉着你问你每个月赚多少钱；面试时被问你老公/老婆的职业是什么；不熟的亲戚问你啥时候要二胎……这些都和越界有关。虽然边界看不见、摸不着，更无法用直尺物理衡量，但我们实实在在感受得到它的存在。

著名作家纪伯伦说过："在一起的时候要给彼此保留空间——橡树和雪松并不能在彼此的影子中成长。"人与人之间的交往要保持合适的距离。既不刻意疏远，也不刻意亲近，彼此尊重，才能拥有舒适的人际关系。

不越界、不逾矩，是人际交往中必备的要素，那么，我们在和人交往中怎样做才能保持边界感呢？

尊重别人的隐私

无论是与亲戚，还是与朋友相处，都不要打探别人的隐私。每个人都有自己的生活，也有自己的选择。探听别人的隐私并不会显得热情，只会显得没有礼貌。如果还要打着"为你好"的旗号去规劝别人，就会更让对方厌恶了。

说话注意把握分寸

良言一句三冬暖,恶语伤人六月寒。总有人标榜自己心直口快,其实却是口无遮拦。管好自己的嘴,说话注意分寸,不要因为对方是熟人,说话就失去分寸、让对方为难。让别人舒服,这是对别人最基本的尊重。

减少对别人的打扰和麻烦

与人相处,不只要懂得亲近,还要懂得适当地"疏远"。每个人都很忙,都有自己要做的事情。即使对方是熟人,也不要随意地打扰和麻烦他。君子之交淡如水,凡事有分寸,感情才会长久。

和有格局的人同行，纠结就少了

和什么样的人在一起，就拥有什么样的格局。真正有格局的人不会在小事上纠结。和他们在一起时间长了，自己也会有一颗大海般的心。

小美人长得漂亮，口才好，能力强，在单位里很受瞩目。有些嫉妒她的人说她靠不正当的关系才进入公司，她从来没有辩解过一句，只是专心工作。谣言越传越广，同事玲玲建议她澄清一下，但是她只顾工作，并不理会。后来小美因为业绩优秀得到了提升，这些爱嚼舌根子的人纷纷摇身一变，开始拍她的马屁。

一个人一辈子能过什么样的生活，可以取得多大的成就，一部分取决于这个人的眼光是否长远，认知是否丰富高级。这些都是格局的体现。有大格局的人不会和烂事纠缠，不会和烂人计较。他们注重自己的目标，关注自己的事情，所以能够做到悲喜不乱、宠辱不惊。

格局越大，越相互尊重，相互支持，能抱团发展。格局越小，越互相拆台，互相倾轧，不希望别人过得比他们好，我们一定要远离那些诋毁你、消耗你的人，接近格局大的人。

有时候，我们产生烦恼和痛苦，并不在于事情本身，而是因为没有看透事情的本质，才会以别人的错误来折磨自己，为了一时的失败而惩罚自己。如果我们向格局大的人学习，以更高的视角看待这些问题，人生就会豁然开朗。

物以类聚，人以群分。一个人在生活中接触什么样的人，就会有什么样的格局和境界。和积极、乐观的人交往，我们的状态会更好，生活会更幸福。和有格局的人交往，我们自己也会变得更有格局。

选择和有格局的人同行，能从这些人的身上学到更多。**那么格局大的人都有什么特点呢？**

忽略微不足道的矛盾

别人冒犯、得罪我们，可能是有心，也可能是无意。如果我们只顾着责备对方，其实只会把时间浪费，没有什么价值。我们总想着还击、报复对方，只会冤冤相报、两败俱伤。对于那些微不足道的矛盾，不要太斤斤计较，不如忽略。

不只是盯着眼前的得失

很多人计较于眼下的得失，并没有把眼光放在长远的未来。如果没有格局，看到的就全是鸡毛蒜皮。眼睛只盯着眼前，得到的只能是眼前的收益。有时候，当下舍得吃亏，未来才能得到更大的利益。

接受糟糕的过往经历

我们总会遇到不如意的事情，愤怒、纠缠只会让自己更难过，不如坦然接受。人生很长，不必拘于一时一刻。生活总要继续，往前走，才有可能遇见美好的事物。

第六章
拒绝消极，努力改变自己

怨天尤人、得过且过，只能让自己的生活愈加痛苦，唯有起身行动、改变，才有可能扭转不好的情势。每个人都有改变自己的潜能。被拒绝同受挫折、被冷落一样，是一个让我们意识到自身问题的良好契机。找到方法，转变思维，改变自己，才能不断进步。

把别人的拒绝化为进取的动力

每个人都有被拒绝的经历，被拒绝后我们可能委屈，也可能不服，但是从哪儿跌倒，就从哪儿爬起来才有意义。如果我们跌倒后想躺一会儿也可以，躺倒的时候不妨换个角度想想，如何把被拒绝这一消极事件转变为积极事件，对自己产生积极的影响，然后站起来重新出发。

大魏不喜欢自己大学学的法律专业，毕业后，他尝试面试了多家公司另一专业的工作。因为跨专业，他往往在第一轮面试中就被刷下来了。

大魏灰心不已，但他总要找工作养活自己。后来，他经过反思，觉得自己也不能太盲目。经过分析比较，他选了两个自己比较擅长的领域，还去报了相关的课程学习。对选择的公司，他也做了删选，终于被成功录用。

面试官告诉你,你再怎么面试也不会成功的。相信很多人听到这样的话后会羞愧或恼怒,然后与这样的公司说再见。因为这样做最容易,可是这样却可能与自己梦寐以求的工作失之交臂。

生活中似乎总会有声音告诉我们——"你不行",甚至彻底否定你,说你再怎么努力也不行。每当这时候,我们是否有反思自己:我真的不行吗?我为什么不行?我能不能行?我真的有为之努力过吗?

人人都渴望被接纳、被肯定,被拒绝不会是一个愉快的经历。但是被拒绝不是一件坏事。它让我们受挫,让我们困顿,使我们从舒适圈里跳出来,从中获得思考,从而改变并提升自己。

《哈利·波特》的作者罗琳女士在出版她的《哈利·波特》系列第一本小说时被拒绝,并被嘲笑其作品幼稚,这些打击却并没有妨碍罗琳女士成为一位举世瞩目的作家。只有把别人的嘲笑转化为自身进取的动力,才能有机会实现自己的目标,否则它只是一个负面事件,一段不想被回忆起的尴尬经历。

那么面对被拒绝,甚至被否定、嘲笑,我们应该怎样积极地应对呢?

选择倾诉，将此事看轻

被拒绝甚至被嘲笑以后，愤怒也好，羞愧也罢，都是人之常情。诚实面对自己的负面情绪，该释放的都释放出来。可以找人倾诉，分享自己的感受，让倾听者指点迷津，调整心态放平，告诉自己这一切没什么大不了，天不会塌下来。

冷静地思考如何改进

负面情绪发泄阶段度过以后，我们需要冷静下来想想自身的不足，以及我们可以为此做些什么，从而避免或减少这样的挫败感产生。想想到底是哪个环节出了问题，是否有改进空间，应该去进行怎样的调整和提升？

制定计划，做切实可行的调整

在认识到自身的不足之后，不妨制定一个不复杂而可行的计划，确定一个阶段小目标，然后坚定不移地去行动。我们会慢慢发现，在这个过程中，我们已经在慢慢变成更好的自己。

遇到挫折、失败，找方法而不是找借口

西楚霸王项羽乌江自刎前曾仰天长啸："天亡我，非战之罪也！"司马迁评论"岂不谬哉？"唐代诗人杜牧更是一语道破："江东子弟多才俊，卷土重来未可知。"不要为失败找借口，而要为成功找方法。

有一个年轻的伐木工，他身强力壮，斧头锐利，第一天不费吹灰之力便砍了十棵树。第二天，他更加努力，却只砍了八棵树。于是第三天他全力以赴，砍到筋疲力尽，却只砍了七棵树。

一个经过的老人问他："你为什么不停下来磨一磨你的斧头呢？"他回答："我可没时间去磨斧头啊，我要快点把这些树砍完！"

生活中，我们总会遇到各种各样的挫折和磨难。有的人会找各种借口为自己开脱，以寻求心理上的平衡。而有的人却从失败中吸取教训，总结经验，调整方式方法，最终解决问题。

出了问题，找借口掩盖过失，把自己该承担的责任转嫁给他人，或托辞是客观条件导致，是一个很不好的习惯。这样不仅是在欺骗自己，也是在麻痹自己。一旦有了一个冠冕堂皇的借口，我们就不会去进一步思考，并寻找克服困难、摆脱困境的方法了。

很多时候，我们也许只需要改变一下角度，换一下方法，就能轻易解决问题。但因为借口已经为我们提供了保护伞，我们便得过且过，在职场中，长此以往，我们就成了企业里不称职的员工，很难赢得领导的厚望和信任，也很难赢得大家的尊重和认可。

不为失败找借口，不去抱怨对手强大，更不要去责怪"时运不济，命途多舛"。专注于问题本身，承担自己该承担的责任，脚踏实地，厚积薄发，最终就能胜利。

遭遇挫折、失败，不找借口，那么我们具体该如何做呢？

不轻言放弃

英王爱德华一世镇压苏格兰起义时，苏格兰的领袖罗伯特·布鲁斯多次战败，曾一度想自杀。正当他心灰不已时，看见了墙角的蜘蛛在结网。这个小蜘蛛和它结的丝网是如此脆弱，以至于结了七八次都失败了，可是蜘蛛却一点儿放弃的意思都没有。布鲁斯深受启发，重整旗鼓，终于在最后一战中取得胜利，赢得了苏格兰的独立。

遇事不怨天尤人

方法总比困难多。

美国总统林肯一生中经历过很多次失败，如竞选失利、婚姻不顺、企业倒闭等，但他从未怨天尤人，从未把时间浪费在找借口上，屡战屡败便屡屡再战，最终成为美国历史上最伟大的总统。

努力进行分析、寻找方法突破

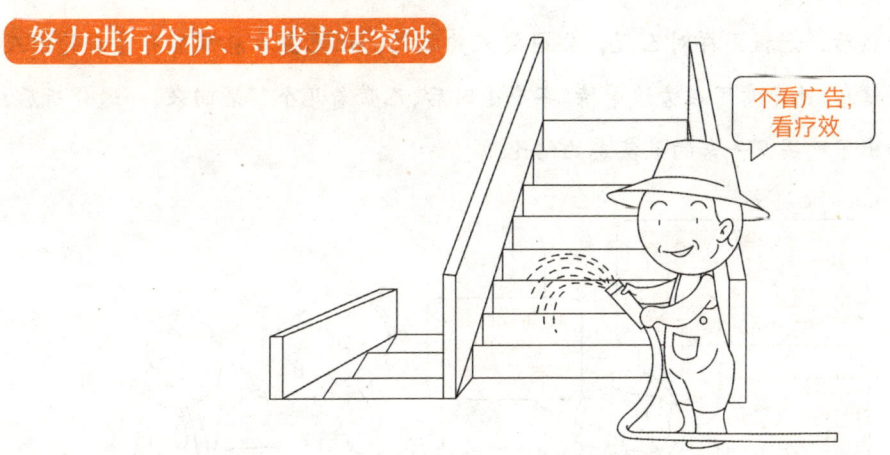

不看广告，看疗效。

华人富豪李嘉诚自打工起就是一个找方法解决问题的高手。他对洒水器的推销更是一度成为案例经典。李嘉诚在做推销时，经常对香港各地的人员结构进行分析，将人员归类，发现潜在客户，然后有的放矢、重点突破，所以他获得的收益自然要比同行高很多。

努力创造更多价值,才会得到更多回报

有人说:"世界对于每个人来说都不是客观的。"这个世界本就没有什么绝对的公平,想让自己被公平对待,就要让自己变成无可替代的强者。在职场,能为公司创造更多的价值,才会得到更多回报。

两个年轻人同时进入一家公司,三个月后,甲发现乙的工资竟是自己的两倍,大呼不公平,便跑去质问老板。老板说公司要订购一批苹果,让他去看看哪里有卖的。结果,他一共跑了三趟才弄清楚售卖苹果的地点,卖苹果的商贩有几家,价格都是多少。

然后,老板同样对乙说,公司要采购苹果,让他去看看哪里有售卖的以及相关信息。他示意甲在旁边等待。半个小时后,乙带着几个苹果回来,一通分析后,他给出了购买哪一家的最实惠的结论。

领导把目光转向甲,说:"这就是他比你工资高一倍的原因。"

职场中，有人认为自己付出的时间跟别人是一样的，但是获得的报酬却比其他人少，这不公平。然而，职场上的价值，不是拿付出的时间来衡量的，而是由创造的价值决定的。

打个比方，两个人负责在一棵树上摘苹果。一个人只是站在下面，随便摘几个够得着的苹果。而另一个人又是搬梯子，又是爬树，摘了满满一大袋子苹果。如果支付给他们的薪酬一样多，才是真的不公平。

比尔·盖茨说："能为公司赚钱的人，才是公司最需要的人。" 老板考虑的是公司的生存和发展。公司不是慈善机构，别指望老板发善心养一个不能为公司赚钱的人。

当一个人为公司创造的价值足够高，就会成为公司不可替代的人。**那么，如何才能为公司创造更多价值呢？**

提高工作效率

能为公司创造更多利润的人从来不是死努力的人。如果你每天忙忙碌碌，却毫无成效，那就要思考一下自己的安排是否合理。比如，有没有制作工作清单，有没有给任务排出轻重缓急，有没有借助一些高效的工作工具，有没有向别人学习请教。

配合团队把蛋糕做大

工作中，一个任务的完成通常需要整个团队的通力合作。与其总琢磨凸显个人能力，不如大方分享自己的资源，在同事需要帮助时施以援手。这样的好处在于，在你遇到难题、琢磨很久找不到方法时，也会得到其他团队成员的点拨。这种互帮互助的氛围形成后，团队的蛋糕就能做大，个人分到的自然也会变多。

工作时关注盈利的几个要素

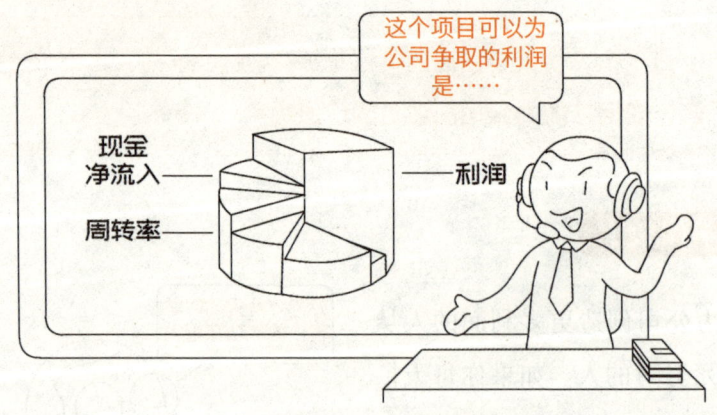

公司盈利的几个基本要素包括现金净流入、利润、周转率、资产收益率和业务增长率。这些听起来很枯燥，但却和公司的利润息息相关。有心人会努力弄懂公司的运作模式，然后在制作每一份方案、设计或者年报的时候，都会考虑到销售收入、利润率、总存货、资产量和现金量等问题，并逐一用数据去显示。关注利润，才能为争取利润努力想办法。

被领导同事疏远冷落，先反省自己的问题

心理学中有一个定律叫"蘑菇定律"，说的是职场新人必然要经历的一个不受重视甚至被冷落的阶段，就像蘑菇的生长过程一样。可是哪有什么事是无缘无故的呢？职场中很多看似人际关系的问题，其实是与工作能力直接挂钩的。

何静是一个初入职场的小白，最近工作时心情不太好，总感觉所有人都在针对她。直属领导除了工作任务中进行必要的交代，都不爱搭理她。之前相谈甚欢的同事现在也在有意无意地冷落她。她很是苦恼，不知道是哪里出了问题。

职场中，被领导冷落时，我们首先要摆正心态，积极反思。回忆一下，最近的工作是不是出了一些问题，比如工作是否不够用心，方法是否不得当。

如果我们在工作中经常犯一些自以为的"小错误"，还觉得没什么大不了的话，那就尤其要当心了。这种"小错误"虽然可能是由于粗心造成的，但也说明我们的工作根本就没有用心！只会被动地接受工作，机械地没有任何思考地完成工作任务，就会很容易犯一些低级错误。

如果总犯错误，对犯过的错误不加以总结，那么下次还会再犯，最后可能还要领导帮我们收拾烂摊子。长此以往，他肯定不愿意搭理我们。同事也是一样。作为一个团队的成员，当我们第一次、第二次犯一些小错误的时候，肯定会有人耐心地提醒我们，给我们建议。但是，如果我们不在意，做不到举一反三，或者表面上应着"好好好，是是是"，但落实到行动上还是会反复出问题，就没有人愿意浪费自己的时间来提醒我们了。因为我们的失误，牵连到整个团队的工作，我们就成了团队中最大的短板，没人会喜欢拖团队后腿的"猪队友"。

被领导和同事疏远、冷落的时候，不妨先反省一下自己的工作，那么我们具体该如何做呢？

多观察别人的工作，勤做记录

对自己遇到的问题、常犯的错误，多留心，看看别人遇到类似的情形是如何处理的。需要用到什么资源，或者需要提前做什么准备，也都一一记录下来，积极学习别人的应对和处理模式。

复盘反省，吸取经验教训

如果我们在工作中经常犯同样的错误，就是因为没有意识到复盘总结的必要性。知其然而不知其所以然，很容易在一个地方摔倒多次。时常复盘反省，找出问题症结，总结经验教训，工作才能不出或少出差错。

做好检查核对，避免增加别人的工作量

交接工作的时候，如果经常需要别人花时间帮你检查核对，就很难不被冷落，因为你增加了别人的工作量。我们每次完成工作的时候不妨仔细检查一遍，该做的标注做好，在交接的时候能让别人更快地上手，也会大大提高团队的工作效率。

转变思维,你的劣势也许恰恰是优势

有人说:"我们不需要强迫自己改变,只要学会从不同角度发现自己的亮点就好。"世间万物,只要放到合适的位置上,都能成为有用的东西。跳出条条框框的束缚,转变思维,变劣势为优势,挖掘和发挥其最大价值。

曾经有一家全球胶卷巨头公司,经常因为冲洗胶卷的废片率太高而大伤脑筋。查找了多方的原因之后,终于找到了问题的关键。原来,在冲洗胶卷的环节需要不断地进出暗房,而员工的眼睛就要不断适应光线的强弱变化,所以极易出错。后来公司尝试培训了一批对光线不敏感的人,由他们负责冲洗胶卷,问题就迎刃而解了。

很多时候,劣势未必就不能成为优势。如果用客观积极的心态去审视和分析自己的劣势,不妨打破常规,换个角度去看,把劣势的能力放在合适的位置上,它也许就变成了别人所不具备的独特优势,变成了你的核心竞争力。

劣势与优势永远是相对的。

英国首相丘吉尔习惯于悲观地评估形势，甚至于不敢站在月台上离火车较近的地方，生怕火车脱轨冲出来。这种谨慎敏感的特质对他的生活造成了麻烦。然而在第二次世界大战时，正是他这种谨小慎微，反而使英国制定的作战计划更加严谨周密。

所谓的劣势，应用在特殊的情境中就会变成强大的优势。在职场中，当我们感觉到迷茫和困顿的时候，当我们对自己的"劣势"无可奈何的时候，不妨思考下它们的正面意义，看看在什么情境中可以利用这个"劣势"，来变成我们独一无二的优势。

那么我们具体该如何做呢？

化劣势为特质

劣势有时候能够成为别人所青睐的独特风格和个性。哈雷摩托车车体笨重，油耗大，噪音大，驾驶操作也不甚安全，但当它被包装后成为"放荡不羁爱自由""狂野"的代名词的时候，就受到了极大的热捧。

将劣势放在正确的地方

大而无用的葫芦，也可以用来造舟。比如，一个内向的人去做销售类的工作，往往内向性格就变成了弱势。而如果去做会计文案一类的工作，劣势往往就变成了一种优势。

将劣势变为你的驱动力

有一些劣势，能给我们提供驱动力，提高执行力，催促我们进步。就像龟兔赛跑中，兔子占尽优势，胜利在握，而乌龟则很难望其项背。谁知兔子却在沾沾自喜中呼呼大睡，乌龟抓住机会，坚持不懈，最终化劣势为优势，赢得了比赛的胜利。

和牛人相处交流，升级认知与思维能力

牛顿曾经说过，"我之所以看得更远些，是因为我站在巨人的肩上。"牛顿说的巨人也就是我们现在常说的牛人。牛人最大的特点就是，他们往往在更高的维度上思考问题，与牛人交流能让你有醍醐灌顶之感。

巴菲特的午餐，被称为"世界上最贵的午餐"，是以拍卖的形式产出赢者，令其与股神巴菲特共进一顿午餐的慈善活动。2006年，"小霸王"老板段永平赢得了竞拍。这顿午餐之后，段永平的公司分化出国人皆知的OPPO、VIVO、一加等公司，身价翻了6倍多。而当时段永平带着一同赴宴的黄峥，则辞去了谷歌的工作，创立了拼多多。

世界上最值得的午餐

在职场中，一个人的认知水平往往决定了一个人的发展前途。认知水平低，眼界就会比较狭窄，所获得的成长也很有限。

而牛人往往比你更善于观察，也更能看清问题的本质。我们看到苹果掉下来可以吃了，牛顿看到的是万有引力。我们看到茶壶里的水烧开了，瓦特看到的是蒸汽机。我们看到的是交通堵塞，牛人看到的是资源分配。我们看到的是产品性能，牛人看到的是商业模式。当今社会领域内的牛人常常有着我们所没有的经验和思维方式，与他们交流，显然是让我们成长最快的方式之一。

漫画秒懂 被拒绝 的勇气

普通人的思维是单向的，流于表面，很容易被眼前的利益迷惑。而牛人的思维是多元的、着眼于本质的，立足于取得长远利益。有一个关于微软公司选择午餐和晚餐供应商的故事：

因为在公司吃午餐的人数总是比吃晚餐的人数多，所以做午餐利润更高。但午餐常常做得糟糕，有没有办法改善？最后微软给出的解决方案是，选两家供应商，分别做午餐和晚餐。三个月做一次满意度调查，如果喜欢晚餐的人多，那么做晚餐的供应商就改做午餐。三个月后，仍然按照满意度决定是否需要对调。

去学习牛人看问题的角度，改变我们的思维方式，升级我们的认知能力，能让我们从更多的角度思考问题，跳出自己固有的思维方式，打破瓶颈，实现质变的突破。

那么我们在与牛人交流时，该学习他们身上什么东西呢？

学习牛人的多元思维

很多大牛都会学习各个行业的知识,从而具备多元思维模式,由此及彼,从不同角度、不同维度思考更巧妙地解决问题。比如对于自媒体和财务两个行业,自媒体的核心是写作和运营,而财务的核心是数字模型。如果把两者结合起来,在对自媒体运营进行数据分析的时候,就可以用到财务中的数据模型了。

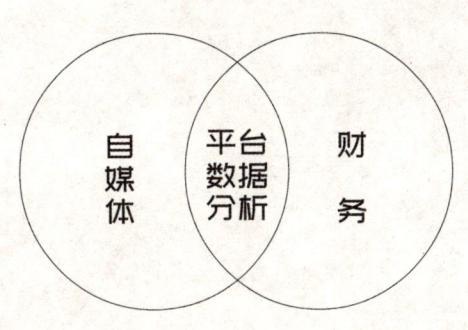

学习牛人的"向前看"思维

我们总会遇到不如意的事情,愤怒、纠缠只会让自己更难过,不如坦然接受。人生很长,不必拘于一时一刻。生活总要继续,往前走,才有可能遇见美好的事物。

学习牛人的逆向思维

正向思维解决不了的问题,牛人往往用逆向思维一下子就解决了。比如,沉迷游戏导致玩物丧志的问题,可以换个角度,将游戏中的奖惩机制运用到工作中去。完成一个工作任务,就给自己一个小奖励。这样每天上班就像在打怪升级一样,工作的乐趣上来了,效率也上来了。

第七章
找到对抗恐惧的内在力量

换一个角度去看待否定自己和他人的话语，世界就会发生改变。被拒绝与失败并不可怕，可怕的是无法战胜恐惧。知道自己想要什么，开放心态，正面思考，才能对抗被拒绝带来的恐惧。只要我们掌握积极的思维方式，就能获得这种力量。

找到自己想要的，就会心有依靠

王阳明曾说："吾性自足，不假外求。"强大的内心来自于对自己内心的挖掘。向内看，发现自己的需求，确定心之所向，就能心无畏惧地向前。

在张德芬的作品《遇见未知的自己》一书中，讲述了这样一个故事：

对生活失望透顶的若菱遇到了一个奇怪的老人。老人问："你是谁？"对此，若菱分别从身世、教育背景、家庭、职业等方面介绍了自己，却被老人否定了。

面对若菱的疑问，老人说："我想要帮助你认清楚一些事实，因为我们人类所有受苦的根源就是不清楚自己是谁，而盲目地去攀附、追求那些不能代表我们的东西！"分别前，老人丢给若菱一个新问题："你真正应该追求的到底是什么？"

若菱开始思考那些让自己欲罢不能的目标、追求，究竟是出于自己真正的喜欢，还是虚假的渴望。

第二次见到老人时，若菱问："人们都在追求爱、喜悦与平和，为什么几乎是人人落空？"老人微笑着回答说："因为他们失落了真实的自己。"

第七章 找到对抗恐惧的内在力量

总会有人说:"你疯了吗?放着一线城市的高薪工作不做,跑回老家嫁人生子?""你傻了吧,大学毕业去卖奶茶?"如果我们不知道自己想要什么,就会陷进随波逐流的浪潮里,盲目跟随他人。

当我们忽略了自己的内在,就会被欲望牵着鼻子走,与真实的自我渐行渐远,心灵日渐枯竭,越活越疲惫。想要找回自己,就要弄清楚自己到底想要的是什么。看清自己,找回自己,才能心有所靠,无所畏惧。

心有所向,在这浮躁的年代,才不会随波逐流;在这个物质的年代,才不会饥不择食。更重要的是,当我们明确心中所想,坚定信念,一切外在的声音都将无法撼动或影响已下定的决心。

想要找到心之方向,那么面对自己真正想做的事,我们该如何行动呢?

思考自己想要做什么

找一段空闲的时间,远离一切干扰源,认真思考并记录我们理想的人生状态是什么样的,想象在这种状态下会花时间去做什么,再回忆下自己以往做过什么有成就感的事,会自发去做哪些事,什么事情是我们花费最多时间去做的。

思考为什么想这样做

清楚想要做什么后,我们可以回忆做这件事时的感觉,是什么原因让我们想做这件事。如果做这件事不赚钱,还需要花钱,我们还愿意做吗?除了维持生活之外,我们是否愿意坚持做下去。

先行动,定期反思

有了目标,我们可以先行动起来。只有在实践的过程中我们才能感知到自己是不是喜欢这件事,也可能会摸索出自己其实想要别的。定期地反思和质问自己,不断地修正自己当初可能并不成熟的想法,进一步明确自己的目的。

不必伪装，敢于做真实的自己

有人说："不要逞强让自己'看起来很强'，而是努力让自己真正变得很强。"因为恐惧伤害，为了消除自卑，我们会想要伪装自己。但是做别人眼中的自己并不快乐，生而为人就要做一个真实的人。想要做真实的自己，就要去除伪装。

单位里的其他同事家境都不错，有的衣着光鲜，有的开着豪车。珍珍家里的经济条件一般，但是她害怕其他同事嘲笑，为了面子，她也每天打扮得光鲜靓丽，不输给别人。

下班后，她和其他女同事相约逛商场。其他女同事都买了不少衣服，只有珍珍看着价签上的四位数直皱眉，她不想买，可又不好意思不买，别提多难堪了。

鲁迅先生曾说，面具戴太久，就会长到脸上。想揭下来，除非伤筋动骨、扒皮！很多时候，我们会用盔甲和面具伪装自己，不知不觉间就成为了伪装的奴隶，忘记真实的自己是什么模样。

不自信的人总觉得自己在与别

人的对比下相形见绌，就想要装扮出一个完美的形象。为了达到这个"人设"，就想方设法地表演和伪装，结果让自己表现得不自然，还给内心带来了压力。原来因为害怕显得另类而恐惧，后来因为害怕露馅而更恐惧，有甚者还会出现一系列的心理问题。

想要避免这种情况，我们要接纳自己，特别是当下的自己，不要觉得这样的自己不够好。我们并不比别人差，要知道，别人也并不如我们所想象的那样完美。

人生短暂，要按照自己的意愿去生活，而不能为了符合别人的期待和要求，而伪装。

伪装很累，是白费力的。那么哪些做法可以让我们做真实的自己呢？

真诚地展现自己

有时候，我们为了在别人面前显得好一点，会把真实的自己隐藏起来，给自己打造一个完美的"人设"。其实人际交往中，人们更喜欢真实、淳朴的人，伪装不仅很累，更可能白费力，还不如真诚地展现自己。

勇敢地表达真实的想法和感受

在人际交往中，双方的地位是平等的。每个人都应该被尊重，我们自己也要尊重自己。我们可以大胆地表达出自己内心的真实想法和感受，当然需要注意表达方式，避免冲突。

坦诚地自我嘲讽

坦诚地对自己进行嘲讽，说完之后，我们整个人都会更轻松，气氛也会缓和下来。自嘲能让我们紧张、不安的情绪得到缓解，让我们感觉更舒服，更可能会得到别人的共鸣。

不逃避，尝试去面对被拒绝的恐惧

有人说："如果工作、生活遭受挫折就封闭自我、不与人打交道，那这样的人生只会愈来愈糟糕。"很多人对于被拒绝非常恐惧，不仅会影响自己的社会交往，还会让人变得习惯于逃避。其实被拒绝并不可怕，可怕的是你不能正确地看待它。

郭磊喜欢上隔壁公司的一个女孩。他们偶尔会在楼下的餐厅相遇，坐在一起吃个午饭。他喜欢女孩抿嘴一笑的样子，喜欢女孩吃饭的样子，喜欢……他好几次都想向对方表白，可是又担心被拒绝后再见面很尴尬。

一年后，女孩辞职离开，他还是没鼓足勇气去表白。再后来，他在朋友圈看到了女孩晒出和男朋友的照片……

恐惧于被拒绝，是无用的。与其逃避，还不如尝试着去面对、突破。用健康的视角和积极的心态去重新看待别人对我们的拒绝，也许事情会发生意想不到的变化。

被人拒绝，是被人接受之前的必经之路。**那么想要做到不逃避，勇敢面对拒绝，我们应该怎样建立起良好的心态呢？**

降低自己的预期

很多人对自己的表现有很高的期望。有的想要一次就达成目标，比如第一次见面就想让对方喜欢自己。其实，过高的期望会让我们感到焦虑，在压力之下甚至会放弃尝试。如果我们能够降低预期的标准，反而会更好。

被拒绝给了我们学习的机会

被拒绝后，我们可以当做自己是在尝试不擅长的事情，所以才会被拒绝。别人拒绝说明我们有做的欠缺的地方，是给了我们一次学习的机会，我们能够知道自己做错了什么，可以在哪些地方做得更好。

主动面对拒绝

被拒绝了不要逃避，要主动去拥抱它。我们可以接受别人的拒绝，然后向别人提出合理的要求。随着被拒绝的次数增多，我们的心理承受力也会增强，就不会那么害怕和难过了。

用成长、开放式心态面对失败

成长、开放式心态是指,以成长的态度看待事物,愿意虚心从任何事中发现和学习有价值的东西,即使是讨厌的事也不去全盘否定。假如用成长、开放式的心态去看待,失败也是有价值的。

陈晨为了实现自己的创业梦想,辞职后开了一家服装店。他每天守在店里,但是却入不敷出。无奈之下,他只好关掉店铺,将店铺转租,回去继续上班。

那段时间,他总是垂头丧气。别人问起他创业的事情,他都是含糊带过,不想多说,多说几句就很生气。他总是哀叹着自己这辈子都只能给别人打工,再也不能翻身了。

严格来说,失败只能算是行动的一种结果。结果的好坏,取决于我们看问题的角度是怎样的。如果用消极的防御型思维面对失败,人们就会把其看成洪水猛兽,遇到失败、挫折就选择逃避,停滞不前。如果用积极的成长型思维看待失败,失败带来的就不止是痛苦和损失。上述案例中的陈晨就是以消极的防御型思维面对创业的失败,如果他能以积极的成长型思维看待,找到失败的原因,或许就能转变。

日本作家松桥良纪在《倾听术》中写道,如果没有失败,就不会有关注和学习。正因为失败，人们才意识到存在问题，才会主动学习并获得成长。

在 2021 年清华大学的开学典礼上，教师代表梅赐琪老师发表了题为《失败在大学生活中的三种功能》的演讲。他坦承自己几个晚上都梦见，学校取消了自己发言资格，因此非常沮丧和挫败，但也因此找到了和大家分享的内容的关键词。因为他发现，真正伴随着一个人成长的，一直都是对失败的恐惧或失败本身。对此，他总结了失败在大学生活中可能发挥的三个作用，与大家分享。这三个作用分别是：①失败让你看见自己的能力边界；②失败让你看到输赢之外的风景；③失败让你看到个人以外的世界。

> 成长、开放式的心态，能让我们不再悲观、封闭地面对失败，能让我们对失败有更深刻的理解，从而迎来成功。**那么我们要使用哪些方法来培养自己成长、开放式的心态呢？**

及时停止消极悲观的想法

很多人失败后会有各种消极悲观的想法，觉得是自己不好，或者抱怨外界的不公。当我们出现这些想法时，要及时让自己停下来，不要一直陷入这些思维中，给自己一段缓冲的时间调整好心态。

从失败中总结经验

很多人在失败后急于遗忘该次不快的经历，却没有吸取失败的教训，导致下次还会在同样的地方跌倒。我们要分析哪些是自己做错的，哪些是这件事中某种条件不利于自己。只有总结经验，为成功找方法，不断调整，才有获得成功的可能。

接受他人的提醒和建议

人们通常习惯于以自己的方式思考和做事，不愿意改变，不愿意接受新知识。即使在失败后也很难接受别人的观点和建议。其实主动接受这些新观念和思想，可以激活和打开我们的思维，更容易获得成功。

漫画秒懂被拒绝的勇气

练习正面思考，累积正能量

英国诗人雪莱说过："冬天到了，春天还会远吗？"正面思考可以改变我们的心态和解决问题的方式，可以让我们的生活不再充满沮丧和灰暗。

领导对严斌的工作不满意。他向客户介绍产品时翻看了一眼资料，领导指责他不专业，让他把所有资料背熟。他出差没带名片，领导又怪他工作不仔细。

在种种打击下，严斌经常觉得自己像个废物一样，他决定等这个月发了工资就辞职。而这已经是他第四次离职了，之前也都因为工作上的一些小事被上级批评，感觉领导难伺候，不愿意待下去了。

被领导数落几句，心里一难受，就立刻辞职。这是典型的玻璃心，敏感脆弱，承受不了一点批评和责备，内心就像玻璃一样易碎。

有玻璃心的人，在分析事情时，习惯于内部归因。他们认为事情之所以会发生，是因为自己的原因。他们不能将外部原因与自己的原因清晰地分开。受到批评和指责，他们就会把别人的话当成是对自己的否定，自尊心受挫，心态也变得消极。

想要戒掉玻璃心，我们要学会正面思考。正面思考就是在遇到困难和挫折时，不会被负面情绪打败，而是会想办法去解决问题。

因为一个问题发生，原因并不一定都在我们自己身上，也有可能是外界的因素导致。比如领导批评我们，可能是我们在工作上确实犯了错，也可能是领导对我们产生了误解。想要真正地解决问题，我们就需要冷静客观地分析问题，而不能只是陷入情绪的深渊中无法自拔。

那么我们要如何建立正面思考模式，摆脱负面思考的习惯呢？

区分事实和想法

我们往往会将自己错误的想法等同于所发生的事情的真相，但是事情本身是客观的，有自己的运行规则、逻辑，并非错误的想法所展现的样子。在不同的情绪状态下，我们对于一件事情会产生不一样的看法，有时甚至相反。所以想法和事实并不能画等号。

制止和反驳负面的思维

我们要接纳内心负面思维、想法的存在，它们可能会反复出现。当它们出现时，我们要对这些预设的负面思维、想法进行反驳，不要被它们牵着鼻子走。

鼓励自己思考解决问题的方法

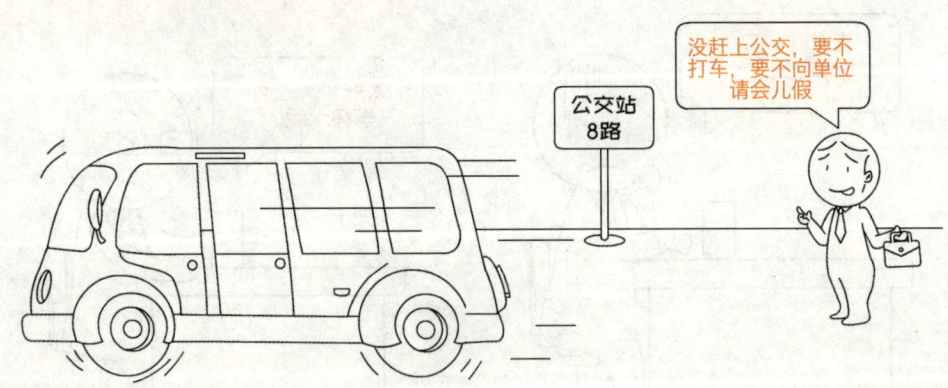

识别出负面的想法后，我们还要鼓励自己去思考如何解决问题。思考解决问题的方法，有助于削弱我们内心负面想法的力量。

如果能接受最坏的结果，就不会恐惧

陷入逆境时，我们会忧虑，会恐惧。与其担心，我们不妨做最坏的打算，这样反倒能不慌张地去解决问题，说不定可以迎来好的结果。

戴尔·卡耐基在《人性的弱点》中讲述了这样一则故事：

威利斯·卡瑞尔在年轻时是一位钢铁公司的工程师。一次，他受命前往一家公司安装一台瓦斯清洁机。但是在这个过程中，机器出现了故障。虽然能够使用，但是性能并没有达到对方的预期。

他为此深感忧虑，经过思考，他想到最坏的结果就是因此而丢掉工作，但他觉得可以接受。于是他开始心平气和地寻找解决方法，不仅问题得到解决，公司还获得了盈利。

我们经常会为了困难而寝食难安。其实很多时候，我们之所以会忧虑重重，是因为把问题想得太过复杂。很多问题无外乎两种情况，或成或败，或好或坏，非此即彼。我们面对问题时，如果能够把问题简单化，思路也能变得清晰，解决起来也就更容易了。

一旦能够接受最坏的结果，我们就不用再担心会失去什么。我们的心会立刻放松下来，内心平静，才能恢复判断力，可以理性地去思考如何解决问题。

做任何事情，我们都要尽自己最大的努力，但是也要能接受最坏的结果。如果只是沉浸在烦恼、恐惧中，不但不能解决问题，我们的身心还会受到消极心理的影响，在失败的漩涡中越陷越深。

焦虑和恐惧并不能解决问题，**那么身处困局时，我们应该如何消除焦虑的情绪呢？**

了解并认清当前的情况

情况越是复杂，我们越要了解自己目前的处境。只有充分了解和认知当前的情况，才能对面临的局势做出合理的判断。否则我们的情绪和心理会不稳定，很有可能会变得崩溃，无法理性地思考。

判断最坏的结果并面对

在身处困境时,我们要把所有可能产生的后果逐一地进行剖析。对于其中最坏的结果,要敢于直视和面对。这当然需要勇气。我们要克服自身的恐惧心理,而且要知道,有可能闯过去,可能"置之死地而后生"。

清醒冷静,集中精力解决问题

跳出烦恼、忧虑,我们才能全神贯注地解决问题。保持清醒、冷静的头脑,心态稳定,才能积极应对,发挥聪明才智,快速地找到解决问题的办法。

第八章
创伤后成长，你比想象中强大

失败是学习的过程，由失败所得的经验能使人们变得更好。被拒绝、被否定的挫折和困难，不是让我们一蹶不振的理由。学会坚持，突破自身的局限，我们的人生才能更加精彩。

没有否定可能比没有肯定更糟

每个人都渴望得到别人的肯定，那是一种满足，也是一种幸运。可是被否定就一定是不幸的吗？也未必，没有被否定的人生也很可怕。

马丁·库帕是一位无线电爱好者，他大学毕业后想要在无线电领域内发展。他敲开了无线电界资深专家乔治的房门，表示自己很想成为他的助手，并且不求待遇。马丁·库帕说："我知道您正在研究无线电话，也许我能帮上您的忙……"乔治粗暴地拒绝了他。

之后，库帕进入摩托罗拉公司工作，全身心投入到研制无线电话的工作中……1973年的一天，库帕站在纽约街头给乔治打了一通电话，使用的正是他所发明的手机，尽管这部手机还是个有两块砖头大的笨重家伙。乔治怎么也没想到，曾被他拒之门外的库帕会先于他研究出了移动电话。

从没有遭受过否定的人难免会目中无人，与人结怨，以至于招致祸患。他们觉得别人的批评和建议，伤了自己的颜面和自尊，于是就会和对方争吵，因此少了很多朋友，甚至给自己树敌。

从没有遭受过否定的人容易盲目自大，忽略风险。这样的人会因为过于自大，轻视问题，做事时难免就会不考虑风险，不顾后果。一旦遇到风险大的事情，他们稍不注意就会遭到失败，甚至再也爬不起来了。

从没有遭受过否定的人容易被利用。成功人士往往会招引来有目的的人。这些人为了实现自己的利益，可能会主动献殷勤，巴结奉承。没有遭受过否定的人，不能识别这些企图，很容易掉入陷阱。

人的本性是喜欢听好听的话，这是虚荣心的作用。但是只想被夸奖，就永远长不大。我们看自己时，或多或少会带有一些滤镜，而别人善意的提醒和真实的批评是一面真实的镜子，能让我们清楚地认识到自己身上的问题。

那么当我们面对别人的否定批评时，应该怎么做呢？

将否定、批评视为对我们的磨砺

人不经过锤炼，长久地处在安逸的环境中，不仅无法发挥潜能，还可能逐渐迷失本心。别人给我们的批评，甚至是刁难，可以看作是对我们的磨砺，能让我们及时反省自己，对自己有一个清醒的认知。

学会自我疏导

遇到烦恼和痛苦，我们要学会自我疏导和调节，学会用宣泄或倾诉的方法缓解压抑，减轻痛苦。我们要告诉自己，即使面对挫折，也要保持乐观的心态，把消极的情绪转变为积极的情绪，继续接下来的生活和工作。

学会忍耐

人生是一场马拉松，遭遇挫折是必须经历的考验，我们不应该回避。身陷困境，除了努力，我们还要学会忍耐。无论发生什么，都要坚持下去。只有坚持，我们才能够战胜困难。

被拒绝的次数多了，真正的差距才被拉开

如果你第一次去找工作、去推销就被拒绝了，会怎样？多数人通常不会那么轻易放弃，起码会再坚持两三次，甚至更多次。可是有谁能坚持100次、1000次？机会就是在不懈坚持中出现的。

著名影星史泰龙在成名之前，为了能够成为一名演员，挨家挨户地拜访了500家好莱坞的电影制片公司，但是没有任何一家电影公司愿意录用他。

经过1885次严酷拒绝、冷嘲热讽之后，终于，在他第1886次拜访时，一家电影公司看中了他的剧本，并愿意让他担任主角。此后，史泰龙才逐步成为了国际巨星。

很多人都很崇拜大银幕上的史泰龙，可正是那 1885 次的失败，才成就了一个独一无二的他。我们都曾经有过为理想而奋斗的经历，可是最终能够实现理想的却不多，因为在奋斗的路上充满了否定、拒绝和批评，大多数人都被淘汰掉了。

如果我们做销售工作，遇到拒绝的话，就更需要坚持。日本的营销公司曾经调查过，70% 的客户在拒绝推销时都是没有正当理由的，而且其中 2/3 的人在撒谎。所以被拒绝时，我们就要不断地给自己打气。

曾经有一位销售人员，他的业绩几十年来都非常优秀，他的方法就是每天访问固定数量的客户。规定的访问客户的数目必须坚决达到。他绝不会偷懒，也不会因为被拒绝就丧失希望，而是永远认为，希望也许就在下一家。

在我们的多次拜访之下，我们有可能会和某些客户成为朋友。有些客户在多次拒绝我们之后，很可能会产生一丝歉意。还有些客户会为我们的坚持所感动，甚至会主动介绍生意给我们。

想要在销售工作中取得成绩，我们的敌人并不是客户，而是自己。我们要战胜对自我的否定和质疑，在给客户推销的时候，也给自己一个坚持的理由。

面对多次的拒绝，我们应该怎么做才能尽快适应，继续坚持下去呢？

减少抱怨

无论被哪些人拒绝，我们都要学会减少抱怨。只是抱怨和后悔，并不能突破困境。有意识地保持乐观、幽默能让我们更容易地从悲观情绪中走出来；心里难受时，自我安慰也能让我们舒服一点。

倾听对方的否定、批评

有时候，对方在拒绝我们时，会说出很多看似无情的辛辣否定、批评。我们要认真倾听这些批评，把它们当作对方的意见加以重视。了解拒绝背后的原因，也有助于我们进行合理的思考，或者进行下一步的改进。

向对方请教

如果面试失败，就向对方虚心请教是自己哪里做得不够好。对方如果是行业内的专家，那么他比我们更懂行。我们要虚心地向对方请教，询问他是否有什么解决问题的好方法。这样，我们就可以根据这些反馈做出改进。

没有天赋，坚持或许也能出奇迹

有人说："人类没有优劣之分，每个人都以自己想要的方式，或快或慢地朝着目标前进。"有些人成功是因为他有天赋；有些人没有天赋也能成功，是因为他们懂得坚持。坚持也许不能让一个没有天赋的人登顶，却可以让他成为优秀的人。

漫画家查尔斯·舒尔茨年少时就相信自己拥有非凡的绘画才能，但其实他的画除了自己，并没有其他人看得上眼。上中学时，他向杂志社投了几幅漫画作品，可是一幅也没有被采用。尽管后来又经历过多次退稿，但是他想成为漫画家的决心却没有动摇过。

中学毕业时，舒尔茨向迪士尼公司寄出了精心绘制的漫画作品，却再次石沉大海。他在困顿之中用画笔描绘出了自己的生活经历，没想到以他自己为原型塑造出的漫画角色却一举走红。他凭着连环漫画《花生》成为了国际知名的漫画大师。

天才因为有稀缺性，所以总是被大众所追捧。其实普通人才是生活中的大多数。一个普通人即使没有天赐的才华，也一样可以通过不懈的努力和奋斗，到达自己的目的地。

电视剧《超越》里的女主角陈冕,就是一个没有过人天赋的普通人。热爱滑冰的她被身为滑冰教练的父亲认为不适合滑冰。长大后在得知速滑队招收新人时,她放弃了学习很久的轮滑,独自去速滑队报考,又被教练认为难以适应滑冰。陈冕因为没有天赋,遭受了一次次的挫折和打击,但她并没有轻易放弃,不断地努力训练,最终进入国家队,出征冬奥赛场。

对于成功的人,我们看到的都是他们获得的掌声和鲜花,可是却忘了,精彩亮相的背后需要付出日复一日的努力。所以,有梦想的人可能并不会被没有天赋所难倒。只要足够执着,就可以超越自己。

比天赋更重要的是坚持。完成量的积累,才能实现质的飞跃。

没有天赋不可怕,能坚持也许能出奇迹。那么想要坚持做一件事,我们需要怎么做,采用什么方法呢?

确立明确的目标

我希望能有朝一日月入过万。

想要坚持做某事,首先要确立一个明确的目标,比如写出一本书、月入过万,等等。有了明确的目标,就可以把精力投入到其中,否则漫无目的地生活只会让人生变得无聊,人也越来越平庸,更不可能有所成就。

制定详细的计划

有了明确的目标,我们就可以制定详细的计划。最好将大的目标拆分为具体的小目标。这样日积月累,逐步地向最终的目标靠近,终有一日可以达成目标。如此也不会给自己太多的压力。

向优秀的人学习

每个行业里都有头部人物,我们要善于向他们学习。如果觉得他们离我们太远,也可以选择我们身边优秀的人作为榜样,学习他们的为人处世和做事方法,吸取他们的经验教训,我们也可以变得优秀。

因为热爱，所以可以无视那些打击

热爱可抵岁月漫长。一个人有所热爱，是极其幸福的事情。别人的不理解虽然会打击到我们的积极性，但是我们仍然应该坚信自己的选择。

2020年7月，高考成绩公布，湖南省的考生钟芳蓉的成绩位列全省第四，她决定报考北京大学考古专业。一时间，各路网友纷纷提出批评和建议，觉得她这么好的成绩，选这么个冷门专业太可惜了，将来肯定不好找工作。

钟芳蓉面对广大网友和老师们的劝说，并没有动摇。在她接受采访时被问到为何选择考古专业，她脱口而出："我喜欢历史。"最终，她就读于北京大学考古文博学院。一年后，她还受邀参加了央视《中国考古大会》节目。

我们在尝试做喜欢的事情时，总会有好心人跳出来指点，分析利弊，仿佛如果一件事情不能给人生带来利益，就不应该坚持。可有时候，一个人追求什么，是否幸福快乐，只和自己的感受有关，与外在的名利无关。

做喜欢的事情，从来都是无条件的。我们可以不为名，也不为利，只是因为它能带来快乐和成就感。我们真正喜欢的事情才有可能是我们的天赋所在。当我们沉浸在热爱的事情里，全世界都会给我们让路。

网络上有这样一则视频：西安一位51岁的保洁阿姨在工作之余喜欢跳霹雳舞。有的网友支持和赞扬，但也有些人认为这个年龄段的大妈应该稳重些，甚至有人说她是疯子。但阿姨并不在乎，表示自己会坚持跳下去。

为自己喜欢的事情努力，是不分年龄，也不论身份的。无论男女老少，本身做什么工作，做热爱的事情都能让人暂时脱离生活的压力和工作的忙碌，回报给我们内心的快乐。

听从内心的想法，大胆地走自己的路，应该活出我们的人生态度。**那么我们应该怎样正确坚持做自己所热爱的事呢？**

选择正确的方向

虽然每个人都可以选择做喜欢的事情，但还是应该选择自己擅长的和适合自己的方向。选择容易做出成绩的事去做，也更容易坚持下去。如果选择不适合的方向，除了感动自己外，并没有任何作用。

从做出小成绩开始培养自信心

很多理想不一定能在短期内实现，比如成为音乐家、拥有自己的事业等。很多大的理想都是从一点点小的成就发展而来的。我们可以先从做出小的成绩开始培养自信心，证明我们是有理由坚持下去的。

坚持"长期主义"

想要取得成绩，不能靠"速成"，成功没有捷径。想要实现梦想，收获成果，需要长期的努力。我们要沉下心去下"笨功夫"，无视世俗的眼光，去投入、去付出，才能取得成就。